JN033740

SL 数学セミナーライブラリー

# 群と幾何をみる

## 無限の彼方から

正井秀俊

日本評論社

# ごあいさつ

　このページを開いてくださった方に感謝申し上げたい．ありがとうございます！　もし書店にて，とりあえずこの文章を目にしてしまった方はひとまずレジまで(いや，おまかせしますが)．本書は2021年4月から2022年3月まで雑誌『数学セミナー』にて連載していたものに，加筆・修正を加えたものである．各章の頭にある，よもやま話がおすすめである．紹介する数学に合わせて，ちょっとした小話から始めている．この構成には裏話がある．

　2020年度後期，東京工業大学における講義ノートが本書の原型である．当時，人は人と会うことを禁じられ，学生たちは本来の醍醐味である「数学を通した交流」の一切を奪われていた．各章のなんだかエッセイのようになってしまったものは，もし学生との交流があれば酒でも飲みながら適当に著者が話しただろうことを文章にしたものである．酒席の良さは，年長者はそれっぽいことを言って気持ちよくなり，若者はそれを聞いてなんだか業界に詳しくなったような気分になるが，気のせいかもしれないので年長者は奢ることで場を丸く収めることができるところにある(諸説あり)．文章にすると"雰囲気でゴリ押し"ができないので，著者なりに工夫した．うまくいったかどうかはぜひ第1章や各章の冒頭をお読みいただきたい．数式はあまり出てこないが本書の特徴がよくわかると思う．

　本書の主題は「幾何学的群論」と呼ばれる分野である．代数的な対象である群を，幾何を使って調べる．一つの目標は"群の双曲幾何"を理解することだ．いくつか和書でも幾何学的群論の素晴らしい本があるが，類書との違いを挙げるならば，「幾何からはじまる」ことにあると思う．基本群や被覆空間，そして幾何構造になじんでから，その幾何を群論に用いていくという順番で解説している．幾何学やトポロジーを専門としている著者の性格が出ている．ただし，この順番はあくまで"真っ当な"ものであるので，今後そのような本が出てくることは大いに考えられる．一つ，ほぼ間違いなく他の数学書と異なるのは文章

の"ノリ"である．通常，数学の文章は真面目に書かれるものであるが2020年はあまりにも社会全体が暗かった．学生に少しでも楽しみを提供しようと頑張った著者の精一杯の"元気いっぱい"はきっと本書の（良いと信じる）特徴だろう．

　講義ノートの段階において，野崎雄太さんは毎週原稿に目を通し有益なコメントしてくれた．また，授業を聴講してくれていた学生の皆さんもたくさんのミスを指摘してくれた．本書の雰囲気をさらに独特のものにしてくれた素敵な絵はXiaobing Shengさんの描いてもらったものである．著者の（あやふやな）説明から意図を見事に汲み取って絵を描いてくれた．日本評論社の飯野玲さんは連載当時，著者の（ミスのたくさんあった）原稿を詳細に読んでくださり，適切な助言・修正に加え毎月機知に富んだコメントで著者を励ましてくださった．書籍化を担当してくださった道本裕太さんは，著者の思いつきによる提案に対応しながら，丁寧な校正をしてくださり，本書を本にしてくださった．この場を借りて皆様に感謝申し上げたい．

正井秀俊

# 目次

# 第 **1** 章 ————————————

# 序論
## オカンと幾何と群

## 1.1 ● オカンの物忘れ

「なぁ，うちのオカンが
ね，好きな幾何があるらし
いんやけど，その名前を忘
れてしもたらしいんよ」

「忘れてしもたんかー，
ほなオレがね，オカンの好
きな幾何，考えてあげるか
ら，どんな特徴あったか教
えてみてよ」

「オカンが言うにはな，種数 2 の曲面にスッと入るらしいねん」

「種数 2 かー．なら双曲幾何やろ．種数 2 以上やったら双曲幾何しか入らん
ねん」

「いや，オカンが言うにはな，なんか素直な感じがするらしんよ」

「じゃあ双曲幾何違うかー．あいつは負の方向に曲がっとるからな．でも曲
がり方は一定というどっちつかず，ツンデレなんや」

「んー，オカンが言うにはな，そこで物を落としたらぜんぜん見つからないら
しいねん」

「ほな双曲幾何やろ．あそこで物落としたら指数速度で小さくなるんや，全

然見つけられへんのや」

「いやおれも双曲幾何と思ったんやけどな，オカンはな，新しい幾何を探してたら自分でゼロから構成できたゆうてんねん」

「そしたら双曲幾何ちゃうやろ．あれは歴史上ロバチェフスキーやボヤイやガウスといった天才が長年研究して見つけた新しい幾何やねん．素人がやすやすと構成できるものと違う」

「そうかー，いや，オカンが言うにはな，その特徴はとても粗い感じで捉えられるらしいねん．ちょいと誤差を無視したりなんかしても，本質がぜんぜん変わらんらしいねん」

「それはぜったい双曲幾何やろ．グロモフが発見した粗い意味での双曲性は有限の誤差を無視する擬等長写像で保たれるねん．それで群も双曲性を持つことがわかって，幾何学的群論が進んだんや」

「そう思うやろ．けどオカンが言うにはな，見つけたとき，スッと受け入れられたらしいねん」

「ほなそれは双曲幾何ちゃうやろ．ユークリッドの第五公準，平行線の公理が成り立たへん非ユークリッド幾何なんや．みんなそれで苦労したんや．え？オカン何者？」

「そうかー．いやな，なんか複素構造とめっちゃ相性いいらしいねん」

「ほんならそれは双曲幾何やろ．一意化と等温座標系で双曲幾何と複素構造が1対1に対応するのが，2次元の奇跡やねん．それで世界が豊かになっとんねん．双曲幾何で決まりや！」

「いやでも，その幾何全然変形しないらしいねん」

「双曲幾何ちゃうやないかい．2次元の双曲幾何は次元の高い変形空間を持つねん．それでタイヒミュラー空間など面白い空間が生まれたんや．双曲幾何ちゃう」

「あ，いや，変形しないの3次元以上の話やねん」

「それはもう絶対双曲幾何やろ．3次元以上の双曲幾何はモストフ剛性があって，まったく変形しないねん．トポロジーが幾何を決める稀有な状況がおきてて面白いんや．間違いなく，双曲幾何や」

「やっぱりそうかー．いやタイヒミュラー空間もその幾何持つらしいんやけど

な」

「なら双曲幾何ちゃうやろ．たしかにタイヒミュラー空間は一度，双曲幾何を持つと信じられたり，双曲幾何と似た性質をたくさん持つことは知られているけど，双曲幾何を持たないことは証明されとるねん．絶対双曲幾何ちゃう」

「そうなんか．単純閉曲線から交差の情報で作った複体もその幾何持つらしいんよ」

「そしたらそれは双曲幾何やろ．オカンが言ってる曲線複体がグロモフ双曲性を持つゆうのが，最近はやりの幾何学的群論と低次元トポロジーのマリアージュやねん．絶対双曲幾何や」

「いや，でもオカンが言うにはな．双曲幾何じゃないらしいねん」

「じゃあ，双曲幾何違うやんかー．オカンが双曲幾何じゃないと言うなら双曲幾何じゃないやないか．先言えよ．オレが2次元の奇跡とか語ってたとき，どういう気持ちでおったん？」

「申し訳ない」

「ほな，なんなん？」

「オトンが言うにはな，金柑ちゃうかーって」

「絶対違うわ……もう，えぇわ」

「ありがとうございました」

＊　　　＊　　　＊

　未定義の言葉がたくさん出てきてしまったが，どうか驚かないでほしい．出てきた言葉は本書で少しずつ解説していく．とりあえず，この本の著者はどうやらアホだ，ということが伝われば嬉しい．さらに "なにかを忘れる様子" が面白いオカンのお話を気に入っているようだ．この本では主に幾何と群の関わりについてお話ししていく．内容に名前をつけるならば「幾何学的群論」と呼ばれる分野が主な対象になる．幾何学的群論やその周辺の数学の話をしながら，裏テーマとしてお伝えしたいことは，数学における「情報を "忘れて" 本質を抜き出す考え方」である．数学の面白さの1つとして，さまざまな場面で現れる「具体性」を忘れ，観察している対象や現象の本質に迫る抽象性がある．忘れる．それは数学において本質を抜き出す大事な考え方だ．だから，いろいろ忘れが

ちなオカンが幾何を忘れてしまったことは，数学的に興味深い[1]．

　幾何を忘れる．本書では幾何学的群論と一緒にトポロジー，特に低次元のトポロジーの話もしていく．トポロジーは標語的に言うと「カタチの幾何を忘れて，カタチの本質に迫る」数学である．詳しくは次章以降に解説するが，低次元トポロジーでは"忘れた幾何"を自然に復元することができ，面白い現象がたくさん観察されている．この低次元トポロジーが幾何を思い出す様子が，群へ幾何を導入する際の大元にあるアイデアを教えてくれる．低次元トポロジーにおいては，思い出される幾何の"ほとんど"が双曲幾何だ．双曲幾何は至るところ負曲率で，"いろいろなもの"が指数速度で小さくなる．指数速度で小さくなる対象に対して，多少の誤差を加えても，変わらず小さくなる．それが群論を幾何学的対象としてみる擬等長写像と相性が良い．擬等長写像を通すと"有限で抑えられる誤差"を忘れることができる．擬等長写像と相性の良い"双曲幾何"がグロモフによって定義され，グロモフ双曲性と呼ばれる．グロモフ双曲性を持つ群は双曲群と呼ばれ，幾何学的群論における魅力的な研究対象である．双曲群の理解には，初等双曲幾何で遊んだ経験が大切だ．初等双曲幾何は，初等ユークリッド幾何の双曲幾何バージョンである．初等双曲幾何で遊ぶのに，2次元双曲幾何の変形空間であるタイヒミュラー空間は良い題材だ．少し寄り道であるが，タイヒミュラー空間にも触れたい．そして，双曲群を調べるにあたりとても大切なのがグロモフ境界と名のつく，一種の"無限遠境界"だ．無限遠境界は，その導入にあたり重要となる擬等長写像と合わせて，"無限の彼方から"群や幾何を眺める視点をくれる．双曲空間の無限遠境界の応用のうち，大事なものの1つがモストフ剛性だ．2次元の双曲幾何は変形するのに，3次元の双曲幾何はカッチカチで硬いことがわかる．その硬さがトポロジーと幾何の相互作用を生む．低次元トポロジーと幾何学的群論の相性の良さが写像類群のさまざまな空間への作用から見て取れる．特に写像類群の曲線複体への作用が面白い．写像類群はグロモフ双曲群ではないことが知られているが，興味深いことに曲線複体はグロモフ双曲性を持つ．からくりは，"写像類群の曲線複体

---

1) ここからこの節の終わりまで，用語の定義をすっ飛ばして，この本でやりたいことを勢いでお話しする．どうか細かいことは気にせず，勢いで読んでほしい．

への作用は情報が落ちている"ことにある．言い方を変えると写像類群は曲線複体へ作用するとき，情報の忘れ物をしている．その忘れ物のおかげで，隠れていた写像類群の"双曲性"が作用を通して観察できるようになる．写像類群の曲線複体への作用は低次元トポロジーの重要な予想を解く際に大活躍をする．

　本書でお話ししたいことを駆け足でまとめてみた．これから現れるテーマの住む社会の現在の雰囲気を少しでも知っておけば，数学が生きて成長している感覚が伝わるかもしれないと期待している．

　とは言っても，雰囲気だけでは数学はできないので，そろそろ登場人物の紹介に入ろう．主役は，群だ．

## 1.2● 群

　群．ぐん，と読む．多くの教科書には突然定義が載っている．

**定義**　集合 $G$ の 2 元 $a, b \in G$ に対して，ある $G$ の元 $a \cdot b$ を対応させる演算を考える．この演算が以下の 3 つの性質を満たすとする．

● 推移律：$\forall a, b, c \in G, \ (a \cdot b) \cdot c = a \cdot (b \cdot c)$
● 単位元の存在：
$$\exists \mathrm{id} \in G \, \mathrm{s.t.}^{2)} \ \forall g \in G, \ g \cdot \mathrm{id} = \mathrm{id} \cdot g = g$$
　この id を**単位元**と呼ぶ．
● 逆元の存在：
$$\forall g \in G, \ \exists g' \in G \, \mathrm{s.t.} \ g \cdot g' = g' \cdot g = \mathrm{id}$$
　この $g'$ を $g$ の**逆元**という．

このとき，$G$ は二項演算・を積として持つ**群**であるという．真ん中のドット・はしばしば省略され $a \cdot b$ は単に $ab$ などと書く．さらに，簡単な計算によって逆元は一意であることがわかり，$g$ の逆元を $g^{-1}$ と書く．

---

2）such that の略．$\exists x$ s.t. … は英語にすると there exists $x$ such that… となる．such that 以下を満たす $x$ があるよ，という意味．ちなみに $\forall x$ は英語で for any $x$，任意の $x$ という意味．

正直に言うと，初めて見たときは意味がわからなかった[3]．僕は学部生のときは工学部で，群は環や体とともに線形代数の教科書に突如おまけとして現れた．線形空間もよくわからなかったし，工学部においては群は"わかる必要のないもの"だったこともあり，そっと，見なかったことにした．どうしてこんな定義をするのか？

群は対称性を記述するための代数系である．もともとはガロアが気づいたとされる．代数方程式の解の"対称性"が解の公式が存在するかどうかを教えてくれる．ガロアの天才をのちの数学者たちが紐解き整備する中で群は，現在知られる形で定義されるようになった．対称性を記述する言葉としての性質を，"集合の上の演算"の性質としてまとめたものが群の定義である．

数学において，基本的な概念の定義はしばしばとても抽象的である．位相，トポロジーを少しかじった人は開集合系の定義をみたことがあることだろう．"柔らかい幾何学"などと呼ばれるイメージにたどり着くまで，少し大変だ．ユークリッド空間内の開集合の性質を捉えるのに本質的な条件"だけ"を抽出したのが開集合系の定義だ．同様に，本来の「対称性の記述」から，必要な条件だけを抜き出し"ある2項演算の与えられた集合"としてまとめたものが群の定義である．対称性を記述するための要請だけをまとめた結果，単に代数の1つとなり，結果として「対称性」との関連を"忘れた"数学的概念が，群なのだ．わかりづらいはずである．しかし，ここに数学の魅力が隠されている．まともな人は，物事をいたずらにわかりづらくしたいとは思わない[4]．開集合系の定義にしても，群の定義にしても，具体性を"忘れた"抽象的な枠組みを作ると，しばしばそこに新しい世界が見て取れる．抽象的な世界で理論を作っておくと，さまざまな場面で「位相」や「群」が現れた瞬間，作っておいた理論が適用でき，豊かな世界とのつながりが生まれる．抽象的になり，"直感的な"理解から離れることは，実はより深く魅力的な世界へと進むために必要な一歩なのだ．そうして，理論が深まり群は群として独立した分野と言えるほどに成長した．そこで，面白いことが起きた．群に対称性を思い出させてみたら，「代数として

---

3）まずs.t.ってなんだ？などと思っていた．
4）政治家や詐欺師はそれが仕事のようだけれど．

の群」について理解が深まることがわかってきたのだ．群を対称性として研究する分野として，近年活発に研究されているのが本書のテーマである幾何学的群論である．幾何学的群論は，対称性との関わりを忘れた群を，もう一度対称性として，とくに距離空間の対称性として捉えることで群を調べる分野である．

前置きが長くなった．さあ，群を対称性としてみてみよう．難しい例を考える必要はないので，非常に簡単な例，正三角形を考える．正三角形を $2\pi/3$ 回転させたら，ぴったりもとの正三角形に重なる[5]．同様に $4\pi/3$ 回転させたり，$-2\pi/3$ 回転させたりしても正三角形はもとの正三角形へ移る．$2\pi/3$ 回転を 2 回繰り返すと $4\pi/3$ 回転だ．ぐるっと一周，$2\pi$ 回転させたら，正三角形は "何もしていない" 状態に戻る．$2\pi/3$ 回転を 3 回繰り返すと $6\pi/3 = 2\pi$ 回転して，同じく何もしていない状態に戻る．ちなみに，「$2\pi/3$ 回転を 3 回」を「($2\pi/3$ 回転を 2 回）して（$2\pi/3$ 回転を 1 回）」と思っても「($2\pi/3$ 回転を 1 回）して（$2\pi/3$ 回転を 2 回）」と思っても，結果は同じである．どこかでみたルールだ……群の推移律はこうしてみると自然に思えてくる．何もしない写像を数学では「恒等写像」と呼び，英語にすると "identity map" である．正三角形に対して $2\pi$ 回転は恒等写像である．identity map と書くと長いので "id" と書こう．対称性としてみた際，群の単位元は恒等写像に対応する．$2\pi/3$ 回転をした後に，$4\pi/3$ 回転をすると合わせて id となる．同様に $4\pi/3$ 回転を先にして，そのあと $2\pi/3$ 回転すれば id だ．これは $2\pi/3$ 回転の逆元が $4\pi/3$ 回転であることを意味する．こうして

$$G := \{2\pi/3 \text{ 回転}, 4\pi/3 \text{ 回転}, 2\pi \text{ 回転} = \mathrm{id}\}$$

**図 1.1**　正三角形への群 $\mathbb{Z}/3\mathbb{Z}$ の作用

---

5）回転の中心をどこにおいたらよいかは読者に任せよう．

は"回転を繰り返す"ことを演算として群となる．少し例が簡単すぎて，"当たり前"に感じてしまうかもしれないが，群の定義をみるとき，頭の中では物の対称性の性質が浮かんでいるのだ．

　さて，三角形をクルクル回転させた．このとき実は，僕らは「ℤ/3ℤ という群の正三角形への作用」をみている．「作用」は群を，図形や空間の「それ自身への写像」としてみるための数学の言葉だ．作用についてはおいおい詳しくみていく．ここでは「ℤ/3ℤ の正三角形への作用」の雰囲気で満足いただきたい．

　次章はトポロジーに現れる群である「基本群」についてお話しする．基本群が普遍被覆と呼ばれる空間へ作用する様子が幾何学的群論の1つのモデルケースとなる．ただ実を言うと，基本群は幾何学的群論と"直接"の関係はなく，幾何学的群論の理解に論理的には必要ない．それでも，基本群を知ると群が幾何を持つ様子が空間を通して観察できる．抽象的になりがちな群論であるが，基本群は具体的な対象がセットになっている．

　こんな感じで有用性はいくらでも説明できる．でも本音を言うと単純に僕が基本群についてお話ししたいのだ．目的を決めてしまって，それ以外に見向きもしないというのは味気ない．何より必要のないことを学ぶことって，それ自体がとても贅沢じゃないかな，と思っている．必要なことは必要に応じて否が応でも身につける．なにかに追われることなく，ただただ面白いことを知る．学びはそれで，それだけで，良いはずだ．「仕事と I [6]とどっちが大事なの?!」そう聞かれ(てしまっ)た際に僕らが思うべきことは「そんなこと聞かせてしまってごめん」だ．不満の表れだ．聞きたいのは仕事がいかに忙しいのかの言い訳ではない．学びも同じだと信じている．「どうして数学を勉強しなきゃいけないの?」そう聞かれ(てしまっ)たとき，世に溢れる数学の応用例を紹介することは，ただの言い訳だ．「そんなこと聞かせてしまってごめん」だ．こんなに楽しく，面白いものを伝えているはずなのに．面白いと思ってもらえていなかったかと．この本で僕がどこまで理想を実現できるか心もとないが，精一杯や

---

[6] 英語の "I"，僕でも俺でも私でもよい．愛でもよい．虚数単位 $\sqrt{-1}$ にしてしまうと比較できない．

らせていただく．誰かが言う．「数"楽"ですね！」．良い言葉遊びだ．でも，ここは「数学」でいこう．学ぶことこそが，何よりも楽しいのだ．

# 第2章
# 基本群
## 柔らかい幾何学？

　嘘か誠かポアンカレ．アイデアを思いつく → ペンはあるが紙がない → 目の前に路面電車[1]が止まる → 電車の壁にアイデアを書き留める → 路面電車が走り出す → ポアンカレ走る → 追いつかない → 待って僕のアイデア！　どこかで聞きましたが本当かどうかは知りません．

　ポアンカレさんが研究したトポロジー．巷では柔らかい幾何学ともよばれる[2]．しかしながら，実はこの"柔らかい幾何学"という表現は本書のテーマにそぐわない．どういうことか？　本書の立場でトポロジーを表す標語的な表現を探すならば，「カタチの幾何を忘れることでカタチの質を調べる数学」とでもしたい．カタチの幾何を忘れるために，ものが柔らかく伸び縮みする素材でできていて，自由に変形してよいと考えてカタチを調べる．変形してしまうと，長さ，角度，面積その他，僕らが今まで"幾何学"で研究していたさまざまな量が意味を失う．このようにして，カタチの幾何学的な量，"幾何"を忘れて，カタチの本質に迫る．柔らかい"幾何学"と言いたくない理由が伝わっただろうか．

　トポロジーは幾何を忘れてしまったのちに残るカタチの性質を捉える．この説明だとなんとなく気分はわかるが，数学として研究するには実態がつかめな

---

1）路面"馬車"かもしれない．ポアンカレは 1854 年生まれ．ポアンカレが研究生活をしていたパリでは 1890 年代後半から 1900 年代にかけて路面馬車を路面電車へ転換していったそうだ．
2）ポアンカレさんは図を描くのが苦手で，ぐにゃぐにゃしていたとか．柔らかい図？

い．少し話がそれるが，数学において大事な力の一つに「アイデアを数学にする力」がある．ものが柔らかいと思って自由に変形させて考えれば，カタチの本質がつかめるのではないか？　この発想はたしかに素晴らしい．しかし，これだけでは数学でない．「アイデアを数学にする技術」を学校で数学として習う（と僕は思っている）．小説に例えると，どんなに良い「物語の構想」があったとしても，文字が書けなかったら，使う言語の文法の知識がなかったら，頭に浮かぶ情景を表す言葉を知らなかったら，小説は完成しない．この，文字の書き方，文法，そして先人たちが残した綺麗な言葉を習うのが学校の数学だ[3]．技術を身につけることは，特に最初は"文字の書き方"や"文法"ばかりで退屈かもしれないが，その先には面白い物語がきっとあるよ，とこっそりお伝えしておく．もちろん研究の現場では，アイデアと技術が両方必要で，単純なアイデアを数学にしていく過程で，新しい技術や概念が生まれていく論文に出会えると，とても楽しい．

　さて，トポロジー．数学を研究する際に，やはり計算は大事な手法の一つだ．しかしトポロジーでは幾何を，量を，忘れてしまったために，計算できる対象が単純には思いつかない．ここで，"計算ができる"「群」を抽出する手法を考えたのがポアンカレだ．ホモロジー，ホモトピー――このあたりの詳しい話は本が何冊でも書けてしまう．今回はポアンカレがホモトピーの考え方を用いて定義した最も基本的な群，基本群に的を絞ってお話しする．本書は幾何学的群論を扱う．群を幾何を用いて調べる分野だ．そのアイデアの出発点（だと僕が信じているの）が「基本群が普遍被覆に作用している様子」だ．まずは基本群を理解して，次章以降に普遍被覆やその上の幾何についてお話しする．

　基本群は基点付きループのホモトピー類のなす群である．なんだそれは，と思うかもしれない．きちんとした定義の前に，雰囲気を理解するためにループの上を自分が移動する気持ちで考えてみたい．ちょっと広いグラウンドを想像してみる．グラウンドに，荷物を置く．ここが基点．さあて，グラウンドを一周しよう．元気な人なら大きくグラウンドの端にでも沿って走る（よね？）．グ

---

3）学校の数学はそうであってほしいという希望も込めて．

ラウンドならば，途中で疲れたとき，いつでもまっすぐ荷物へ向かって帰ることができる．この飽きたらいつでも中断して，荷物(基点)にまっすぐ帰れるループを"自明なループ"という．回っているように見えて，数学的には回っていない．グラウンドには自明なループしか存在しない．自明なループしか存在しない空間は単連結とよばれる．

　今度は大きな池の周りをランニングする．とても気持ちが良い．しかし，池の場合は注意が必要だ．途中で疲れたら，もとの道を戻るか，もしくは頑張って一周しないと帰れない．途中でやめてズルして帰ることができない．実は，この「ズルができない」という事実がトポロジーの視点からみると大切だ．池を一周回ることをトポロジー的に「意味のある行為」にしている．基本群はそんな，意味のある1回りのパターンがどれくらいあるかを表す群である．ちょっとだけ注意してほしいのは，2周や3周することも，「出発してもとの場所に戻る」の意味で「1回り」とみなしていることだ．一つの池の周りならば時計回りか，反時計回りに何周したかで本質的にはすべての可能性が尽くされる．で

は，池が二つあったら？　どんな群が出てくるかは今後のお楽しみ．そろそろちゃんと数学しよう．

## 2.1●道，ループ，基本群

　ここでは基本群の定義や性質をざっとまとめる．基本群の定義において，大事なのが**連続**の概念だ．きちんと定義するには，"近い"を記述する数学である開集合系を定義して，"近いものは近くに写る"写像が連続だと定義する必要がある．しかし，今回は区間 $[a, b] \subset \mathbb{R}$ からの連続写像を考えれば本質的には大丈夫なので，きちんとした定義はどこかの文献に任せることにする(例えば，[1][2][3][4])．区間 $[a, b]$ からの連続写像は単純に像が切れないで"繋がっている"線になる(図 2.1 など参照)．また，開集合系が与えられており，部分集合が"繋がっている"か否かが判別できる空間を**位相空間**という．正確な定義や説明は省略するが，語りやすさのために位相空間という用語を使わせていただく．

**定義 2.1**　位相空間 $X$ への連続写像 $\gamma : [a, b] \to X$ を**道**(path)という．端点には記号を用意し $\gamma_- := \gamma(a)$ を**始点**(initial point)，$\gamma_+ := \gamma(b)$ を**終点**(terminal point)という(図 2.1)．道 $\gamma$ を逆向きに辿る道を $\bar{\gamma}$ と書く．すなわち道 $\bar{\gamma} : [a, b] \to X$ は $x \in [a, b]$ に対して，$\bar{\gamma}(x) = \gamma(b - (x - a))$ と定義される．

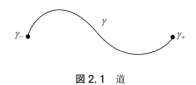

**図 2.1**　道

**定義 2.2**　道 $\gamma$ が $\gamma_- = \gamma_+$ を満たすとき $I$ は**ループ**(loop)であるという(図 2.2)．

　本書では道やループは写像としてでなく，像のみを考えることも多い．このあたり，写像と像を混同し都合よく使い分けて考える．そのため $\gamma : [a, b] \to X$

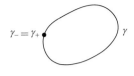

**図 2.2** ループ

の $[a, b]$ と，そのパラメータを $\mathbb{R}$ 上の狭義単調増加写像 $\varphi$ で変更した写像，つまり $\gamma_\varphi\colon [\varphi(a), \varphi(b)] \to X$ で $\gamma_\varphi(x) := \gamma(\varphi^{-1}(x))$ と定義されたものは常に同一視することとする[4].

　道の概念を用いると，とても自然な連結性を定義することができる．

**定義 2.3**　位相空間 $X$ が**弧状連結**（path connected）であるとは，任意の 2 点 $x, y \in X$ に対し，道 $\gamma$ で $\gamma_- = x$，$\gamma_+ = y$ を満たすものが存在することをいう．

　弧状連結性はこれから定義する基本群を考える際に大切である．
　群を定義するためには演算が必要だ．二つの道を繋げることで積を定義する．すなわち

**定義 2.4**　道 $\alpha\colon [a, b] \to X$ と $\beta\colon [c, d] \to X$ が $\alpha_+ = \beta_-$ を満たすとき，積 $\alpha \cdot \beta\colon [a, b+(d-c)] \to X$ が次のように定義される（図 2.3）．

$$\alpha \cdot \beta(x) = \begin{cases} \alpha(x) & (x \in [a, b]) \\ \beta(x-b+c) & (x \in [b, b+(d-c)]) \end{cases}$$

**図 2.3**　道の積

---

4）え？ わからないと思ったあなた．気にしなくてもここから先の理解には大きく支障はないはずだからご安心を．

二つの道のトポロジーが一致していることを定義するのが次のホモトピーの概念である．道が柔らかいものでできていて，端点を固定して自由に変形する様を記述する概念である．ホモトピーの定義には長方形 $[a,b] \times [0,1]$ からの連続写像が出てくるが，大事なことは図 2.4 にまとめられている．二つの道 $\alpha, \beta$ を連続変形で写しあう写像である．数学にすると：

**定義 2.5** 位相空間 $X$ 上の二つの道 $\alpha, \beta$ の端点が一致している (i.e.[5] $\alpha_- = \beta_-$, $\alpha_+ = \beta_+$) とする．$\alpha$ と $\beta$ が**端点を固定してホモトピック**（homotopic relative to the endpoints）であるとは，ある連続写像 $H : [a,b] \times [0,1] \to X$ で

- $H|_{[a,b] \times \{0\}} = \alpha$, $H|_{[a,b] \times \{1\}} = \beta$,
- 任意の $t \in [0,1]$ に対して $H(a,t) = \alpha_- = \beta_-$
- 任意の $t \in [0,1]$ に対して $H(b,t) = \alpha_+ = \beta_+$

を満たすものが存在することをいう（パラメータの取り換えについての同一視に注意する）．写像 $H$ を**ホモトピー**（homotopy）という．

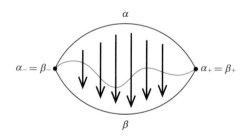

**図 2.4** ホモトピー

「端点を固定してホモトピック」という関係は同値関係となる．特に $\alpha, \beta, \gamma$ という端点が一致している道があったとして，$\alpha$ と $\beta$ がホモトピックで $\beta$ と $\gamma$ がホモトピックならば $\alpha$ と $\gamma$ もホモトピックとなる．数学において同値関係

---

5）ラテン語の "id est" を略したもので，"すなわち" などと訳される．数学の論文などでよく使われる．

があれば，同値類を考える．つまり，同値なものをすべて“おなじ”だと思う．ぐにゃぐにゃ変形して写りあう，互いにホモトピックな道を全部“おなじ”だと思うことで見えてくる性質を探していく．

　少し話が横道にそれるが，同値類を考えていることは「情報を忘れる」ことでもある．よくこんな例え話をしている．世の中には人種，性別，出生その他，さまざまな背景をもつ人間がいる．同値関係を考える以前の立場は，人間ひとりひとりを「別の人間」だと考えているようなものだ．違う人間だと考えると，「違い」を調べたくなる．身長，足の速さ，見てくれ，その他．違いに目がいってしまう．しかし，広く「いきもの」全体を見渡すときには，人間は「人類」としてひとまとめだ．多少違っても，みな同じ人類である．そうやって，人間を全部ひとまとめだと思うと，人間同士の違いではなく，共通点に視点が移る．「人類」としての性質を調べたくなる．たしかにこの視点は一人一人の個性を“忘れる”ものの見方であるが，結果として捉えられる「人類が共通してもつもの」がもしあったら．素敵じゃない？　トポロジーはカタチの幾何学的な“個性”をホモトピーなどの同値関係で忘れてしまう．けれども，その結果としてカタチの“共通点”を調べる視点を得る．共通点が，きっと本質だと信じて．トポロジーは 19〜20 世紀に整備され発展した，最近の数学である[6)]．そのトポロジーはいま，現代数学のいたるところに顔をだしている．

　時を戻そう．ホモトピーの視点でカタチの性質を調べる基本的な群が，基本群である．

**定義 2.6**　位相空間 $X$ の点 $x_0$ を基点とする**基本群**は $\pi_1(X, x_0)$ と書き，次のように定義される．

● 集合として

$$\pi_1(X, x_0) := \{\gamma \colon [a, b] \to X \mid \gamma \text{ は連続で，} \gamma_- = \gamma_+ = x_0\}/\text{homotopy}.$$

ここで，“/homotopy” は二つの道 $\gamma_1, \gamma_2$ に対して $\gamma_1 \sim \gamma_2$ を「$\gamma_1$ と $\gamma_2$ が端点

---

6）「素数」や「ユークリッド幾何学」など，何千年もの歴史をもつ数学がたくさんある．

を固定してホモトピック」という同値関係として定義し，その同値関係で割った同値類を考えていることを意味する．$\gamma$ の同値類(**ホモトピー類**)を $[\gamma]$ とかく.

- 演算は上で定義した道の積 $\gamma^1 \cdot \gamma^2$ で定義する．すなわち $[\gamma^1] \cdot [\gamma^2] :=$ $[\gamma^1 \cdot \gamma^2]$ とする.

**命題 2.7** 集合 $\pi_1(X, x_0)$ は道の積を演算として群になる.

ここで，基本群 $\pi_1(X, x_0)$ の単位元 id は写像 $\gamma\colon [a, b] \to X$ で $\forall t \in [a, b]$ に対して $\gamma(t) = x_0$ で代表される．このような $\gamma$ を**定値写像**(constant map)という．ホモトピーの定義に現れる $\alpha, \beta$ において，$\beta$ が定値写像であるとする(図 2.4 において $\beta$ を一点につぶす)と $\alpha$ は円盤を囲っていることがわかる．つまり，基本群の単位元は"円盤を囲う"ループのホモトピーによる同値類とも言える．詳細は省くが一般のループについても，積がきちんと定義され，基本群がちゃんと群になってくれるのは，ホモトピックという同値関係のなせる技である．道の積を考える後は，つなぎ合わせる際に使った点(図 2.3 では $\alpha_+ = \beta_-$)は端点ではなくなるので自由に動かせることに注意してほしい.

さて，冒頭にてグラウンドを走った．グラウンドは，いつでも途中で帰ってくることができた．この特徴を基本群の言葉で表すと次の定義が得られる.

**定義 2.8** 弧状連結な位相空間 $X$ はある点 $x_0 \in X$ に対して $\pi_1(X, x_0) = \{\text{id}\}$，つまり基本群が自明なとき**単連結**(simply connected)という.

基本群が自明であると，すべてのループは"円盤を囲う"．もう一度，図 2.4 で $\beta$ を一点 $x_0$ に潰して，$\alpha$ を考えると，図 2.4 の矢印は $\alpha$ のどの点からも基点 $x_0$ へ"まっすぐ帰れる"ことに対応している．グラウンドは単連結だ，の意味が伝わっただろうか.

単連結な空間では与えられた 2 点を結ぶ道は"本質的に"ただ一つに定まる.

**命題 2.9** 位相空間 $X$ を単連結とする．このとき $x, y \in X$ を結ぶ二つの道 $\gamma, \gamma'$

はいつでも端点を固定してホモトピックである.

**ざっくりとした証明** 道の積 $\gamma' \cdot \bar{\gamma}$ は $X$ 内のループとなる. $X$ は単連結なのでループ $\gamma' \cdot \bar{\gamma}$ は円盤を囲う. この円盤がちょうど図 2.4 の絵に対応し, $\gamma$ と $\gamma'$ のホモトピーを与える. □

　この基本群が驚くほどにカタチの特徴を捉えている. 特に低次元（2 次元, 3 次元）トポロジーにおいては基本群は**幾何を知っている**. 2 次元の閉多様体[7]は曲率が正の球面幾何, 曲率がゼロのユークリッド幾何, 曲率が負の双曲幾何のいずれかをもつことが知られており, いずれになるかは基本群をみればわかる. また, 本書で後々触れていくが, 実は 3 次元閉多様体の幾何は, 群の幾何とみなすことができる. 有名なポアンカレ予想は「3 次元閉多様体 $M$ は単連結ならば

$$\mathbb{S}^3 := \{(x, y, z, w) \in \mathbb{R}^4 \mid x^2 + y^2 + z^2 + w^2 = 1\}$$

と同相[8]である」という予想である. この予想は, 基本群が自明群ならば多様体は丸い球面となる, つまり球面幾何をもつと言い換えることができる. ポアンカレ予想はその後, 100 年近く未解決のままだった. ポアンカレ予想が難しい理由は, "一つの特別な場合"のみに注目している点だ. 世の中にある他の 3 次元閉多様体に言及していない. そこでサーストンは 3 次元閉多様体全体を見渡し, "3 次元閉多様体は基本群でほぼ理解できる"と主張する幾何化予想を提唱した. この主張の特別な場合, 基本群が自明で単連結となっている場合がポアンカレ予想だ. 幾何化予想はペレルマンにより解決され, 定理となった. そのおかげで[9], 3 次元閉多様体の幾何を基本群を用いて研究し, 逆に幾何を用いて, 基本群が研究できるようになった. そして 3 次元閉多様体の幾何の"ほとんど"が「いたるところで曲率が $-1$ の幾何」として特徴付けられる双曲幾何となる――. これが本書で見ていきたい「群の幾何」の"お手本"となる.

---

7）「閉じた空間」と思ってもらえればだいたい十分である.
8）ざっくり言うとトポロジーが同じという意味.
9）もちろんほかにもさまざまな理論が活躍しているが.

さて，基本群は空間と基点によって定まる概念であった．実は，その本質は基点にあまり依らない．弧状連結性との関係も含めて，せっかくだから基本群の基本的な性質もまとめておこう．（群の準同型，同型，直積については適当な教科書[5]を見てほしい．）

**命題 2.10** $X, Y$ を弧状連結な位相空間とする．

  （1）  任意の $x, x' \in X$ に対して $\pi_1(X, x) \cong \pi_1(X, x')$．基点が重要でない場合，単に $\pi_1(X)$ と書く．

  （2）  連続写像 $f\colon X \to Y$ は準同型写像 $f_\#\colon \pi_1(X, x) \to \pi_1(Y, f(x))$ を誘導する．

  （3）  位相空間 $X$ と $Y$ がホモトピック（特に同相）ならば $\pi_1(X) \cong \pi_1(Y)$．

  （4）  位相空間 $X$ と $Y$ の直積 $X \times Y$ の基本群 $\pi_1(X \times Y) \cong \pi_1(X) \times \pi_1(Y)$．

● **例：円周，トーラス，種数 2 以上の曲面**

いくつか例を見ていく．

  （1）  $\mathbb{S}^1 := \{(x, y) \in \mathbb{R} \mid x^2 + y^2 = 1\}$ の基本群は，$\pi_1(\mathbb{S}^1) \cong \mathbb{Z}$．池の周りをぐるぐる回る様子は，円周 $\mathbb{S}^1$ の周りをぐるぐる回る様子と考えることができる．時計回りもしくは反時計回りに何周回ったか，と整数 $\mathbb{Z}$ の元が対応している．

  （2）  トーラス $\mathbb{T} := \mathbb{S}^1 \times \mathbb{S}^1$（図 2.5）．トーラスは図 2.5 の正方形の左辺と右辺，上辺と下辺を矢印の向きに合うように貼り合わせて得られる曲面である．昔は，RPG ゲームの地図はキャラクターが右端から出ていくと左端から現れ，まさにトーラスであったのだが，技術の進歩で最近の RPG の地図はトーラスではないらしい．トーラスの基本群は $\pi_1(\mathbb{T}) \cong \mathbb{Z} \times \mathbb{Z}$ となる．これは命題 2.10(4) と $\mathbb{S}^1$ の基本群の情報から従う．トーラス $\mathbb{T} = \mathbb{S}^1 \times \mathbb{S}^1$ のそれぞれの $\mathbb{S}^1$ を何周ずつ回ったかが，$\mathbb{Z} \times \mathbb{Z}$ の元と対応する．

  （3）  種数 $g$ の曲面 $\Sigma_g$．種数というのは大雑把にいうと"穴の数"である．トーラスは種数 1 の曲面であり，図 2.6 は種数 2 の曲面である．トーラスと同様，種数 2 の曲面の展開図も図 2.6 に載せておいた．左側の 8 角形の各辺を矢

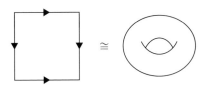

**図2.5** トーラス

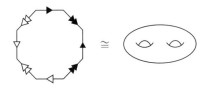

**図2.6** 種数2の曲面

印の種類と方向が合うように貼り合わせると種数2の曲面が得らえる．このあたり，少し修行が必要であるが，興味ある読者は自分で確かめてみてほしい．
さて，種数$g$の曲面の基本群は次のように与えられる．

$$\pi_1(\Sigma_g) \cong \langle a_1, b_1, \cdots, a_g, b_g \mid [a_1, b_1][a_2, b_2]\cdots[a_g, b_g] \rangle$$

ここで$[c, d] = c^{-1}d^{-1}cd$で交換子とよばれる．また$\langle \cdot \mid \cdot \rangle$の記法を**群の表示**（presentation of groups）という．群の表示については後で詳しく解説する．今は「へー」と思ってもらえれば十分である．

　さまざまな基本群をもつ空間が存在する．実は基本群は普遍被覆とよばれる空間の対称性を表していることがわかる．普遍被覆空間を用いて基本群を調べることは，群を空間の対称性として調べる理論の大切な具体例とも言える．
　ということで次章，普遍被覆．基本群の要素の数だけパラレルワールドが存在する空間．この普遍被覆が幾何をもち，その幾何が群へと伝わっていく様子をみると少しずつ，幾何学的群論の匂いがしてくる．

**参考文献**
　［1］河澄響矢著，『トポロジーの基礎（上・下）』，東京大学出版会，2022年．

［2］小島定吉著,『トポロジー入門』, 共立出版, 1988 年.

［3］森田茂之著,『集合と位相空間』, 朝倉書店, 2002 年.

［4］Allen Hatcher, *Algebraic Topology*, Cambridge University Press, 2002.

［5］桂利行著,『代数学 1 —— 群と環』, 東京大学出版会, 2004 年.

# 第3章

# 被覆空間
## 空間を開いてつなげる

　群は「ものの対称性」を記述する代数系である．身近にある対称性の高いものだと，結晶がある．宝石なども結晶の一種．結晶の対称性を記述する結晶群はとても豊かな分野だ．人が綺麗と感じるものは得てして対称性が高い．幾何学模様とよばれるデザインは対称性に溢れている．万華鏡が楽しいのも対称性のおかげだ．対称性の背後には群がいて，群作用があるから楽しい．

　今では人々を楽しませる群であるが，その生まれはなかなかに壮絶だ．群はガロア（1811年10月25日-1832年5月31日）が発見したと言われる．19世紀初頭，命よりも誇りが謳われる，フランス激動の時代．『レ・ミゼラブル』[1]で描かれる民衆と権力との戦い[2]の直前．詳しいことはたくさんある伝記に譲るが，ガロアは20歳の若さでこの世を去った．ガロアも死を覚悟する戦いへ身を投じたと聞く．ガロアには戦いの前にどうしても書き残しておきたいことがあった．それが，5次方程式の解の"しくみ"を理解するための群だった．この数学を残さずして死ねない，でも時間がない．一晩で書かれたガロアのノートは殴り書きであり，昨今で群を表す言葉で定式化されてはいない．

　ガロアのような大天才でない数学者の存在価値は何か？　悩むこともあるかもしれないが，ガロアの言葉を多くの人がわかるように書き直し，そこから理

---

1) 映画や舞台を知らない人も「民衆の歌」を調べて聞いてみてほしい．時代の雰囲気がきっと伝わるはずだ．
2)「六月暴動」1832年6月5-6日．

論を発展させた数学者がたくさんいる（彼らもまた天才とよぶべきレベルの高い数学者であるかもしれないが……）．彼らのおかげで群は「群の公理」を満たす代数系として定義が与えられ，周辺分野の見通しが良くなった．結果としてガロア理論は今や，学部で教えられるほどに整備された．我々庶民[3]にもガロアの天才が楽しめる時代だ．

さて，前章では基本群を学んだ．基本群というのは「意味のある一回り」によって生成される群だ．群であることは，「群の公理」を満たすことを確かめればわかる．大元をたどれば，群は対称性を記述する概念だった．この基本群を対称性の群として持つ空間は，普遍被覆空間という．意味のある一回りごとに，"パラレルワールド"を用意して貼り付けることで普遍被覆は構成される．

状況を理解するために，円周 $\mathbb{S}^1$ を例にして，とらえたい性質を観察してみよう．$\mathbb{S}^1$ の上を移動することを考える．時計回り，反時計回り．行ったり，来たり，くるくる，くるくる．好きな方向に好きなだけ動いてよい．はい！ここ！時間を止められると $\mathbb{S}^1$ の上の点が得られる．しかしながら，この点だけを見ていてもあまり多くの情報を得られない．同じ点にたどり着くにしても，どっちに何周回ったかを疑問に思うのは自然な発想だ．基本群を学んだ後だと，何周回ったか？の情報は基本群の情報ともみなせるためとても気になる．しかし，その情報は $\mathbb{S}^1$ 上の「点だけ」からは絶対にわからない．どうにかして，「点だけ」から基本群の情報も拾えないだろうか？ この疑問を頭に入れると普遍被覆の構成が自然に思えてくる．一回りしたら，「一段あがる」ようにしたらいい．逆方向に一回りすれば，「一段さがる」．そうすると，螺旋ができる．くるくるくるくる．この螺旋を上からぺしゃっと潰せば，円周 $\mathbb{S}^1$ に戻る．螺旋には円周 $\mathbb{S}^1$ のコピーがたくさんあるとも言える．さて，先ほど考えた円周 $\mathbb{S}^1$ 上での点の動きを螺旋で再現する．もう一度同じタイミングで時を止める．今度は「高さ」が円周をどれだけ回ったかを教えてくれる．やった．位置の情報が $\mathbb{S}^1$ だけを考えているときより，ぐんと増える．ぐん．そう，群が螺旋に作用している．この作用は高さを変える．高さは整数 $\mathbb{Z}$ と 1 対 1 対応がある．

---

[3]　天才の読者がいるかもしれないが．

この高さをずらすように，整数 $\mathbb{Z}$ は螺旋に作用している．そして，整数 $\mathbb{Z}$ はまさに，円周 $\mathbb{S}^1$ の基本群 $\pi_1(\mathbb{S}^1)$ なのである．

## 3.1●群作用速成

普遍被覆は基本群が作用する空間である．この主張を説明するために，群作用について簡単に説明する．集合 $X$ に対して，$\mathrm{Map}(S) := \{f\colon X \to X\}$ を写像全体の集合とする．

**定義 3.1**　群 $G$ の集合 $X$ への（左からの）**群作用**（group action）とは写像
$$A\colon G \to \mathrm{Map}(X)$$
で $\forall g, h \in G$, $\forall x \in X$ に対して
（1）　$A(gh)(x) = A(g)(A(h)(x))$,
（2）　$A(\mathrm{id})(x) = x$
を満たすものである．今後 $A(g)x$ を単に $g \cdot x, g(x), gx$ などと書く．この記法で，上の条件は
（a）　$(gh)(x) = g(h(x))$,
（b）　$\mathrm{id}(x) = x$
などと書き直される．

この条件は「群の演算が，写像の合成と綺麗に対応している」という意味だ．例えば整数からなる群 $(\mathbb{Z}, +)$ は数直線 $\mathbb{R}$ に足し算で作用している．すなわち整数 $n$ は $n\colon \mathbb{R} \to \mathbb{R}$ という写像を $n(x) = n + x$ で定める．条件(a)は整数 $n, m \in \mathbb{Z}$ に対して $(n+m)(x) = (n+m) + x$ と $m(n(x)) = m(n+x) = m + (n+x)$ が一致するという意味だ．

**記号 3.2**　群 $G$ が集合 $X$ に（左から）作用するとき $G \curvearrowright X$ と書く．

群の公理における逆元の存在が，逆写像の存在に対応する．そのため，集合

論の基本的な性質[4]により，群作用 $G \curvearrowright X$ が与えられたとき任意の元 $g \in G$ は**全単射**（上への1対1の写像）$g: X \to X$ を与える．

しばしば，$\mathrm{Map}(X)$ に，より多くの条件を課す．

**例 3.3** （1） $\mathrm{Conti}(X) \subset \mathrm{Map}(X)$ を位相空間 $X$ 上の連続写像全体の集合とする．群作用 $G \to \mathrm{Conti}(X)$ を**連続作用**（continuous action）という．

（2） $(X, d)$ が距離空間のとき，
$$\mathrm{Isom}(X) := \{f \in \mathrm{Map}(X) \mid d(f(x), f(y)) = d(x, y)\}$$
を等長写像全体の集合とする．群作用 $G \to \mathrm{Isom}(X)$ を**等長作用**（isometric action）という．等長作用は距離を，広い意味で"幾何を"保つため，幾何学的群論において重要な役割を担う．その性質は本書で後に取り扱うことにして，ここではいくつか例をあげるにとどめる．

**例 3.4** 以下はすべて等長作用になる．

（1） $X$ を距離空間とし，任意の $g \in G$ に対して，$g(x) = x, \ \forall x \in X$ と定めるとこれは群作用になる．自明な群作用という．

（2） 円周 $\mathbb{S}^1$ に対して2点 $x, y \in \mathbb{S}^1$ の距離を端点が $x, y$ の弧の短い方の長さで定義し，$g$ を $1/n$ 回転と定める．このとき巡回群 $\mathbb{Z}/n\mathbb{Z}$ は生成元を $g$ に対応させることで $\mathbb{S}^1$ に作用する．

（3） 直線 $\mathbb{R}$ に対して距離を $d(x, y) = |x - y|$ とし，$n(x) = x + n, \ x \in \mathbb{R}$ とすることで無限巡回群 $\mathbb{Z}$ は $\mathbb{R}$ に作用する．

群作用は自然に同値関係を次のように与える．
$$x \sim y \iff \exists g \in G \text{ s.t. } g(x) = y.$$
この同値関係による商空間を $X/G$ と書く（本書では左作用を考えているため，本来は $G \backslash X$ と書くべきだが，慣例（＋入力しやすい）に従って $X/G$ と書く）．

---

4）写像 $f: X \to Y$ と $g: Y \to X$ を考える．合成 $f \circ g$ が単射ならば $g$ は単射であるし，$f \circ g$ が全射ならば $f$ も全射である．逆写像があるということは合成 $f^{-1} \circ f$ や $f \circ f^{-1}$ が id という全単射であることだ．

## 3.2 ● 普遍被覆の定義

　被覆を定義する前に絵を載せておこう．図3.1は8の字の空間である．この空間を $b$ を"開いて"三つ"繋げる"と図3.2が得られる．これを被覆空間という．追いかけるのが多少大変かもしれないが，きちんと定式化することは大事なのでお付き合いいただきたい．ここでは弧状連結，局所単連結な距離空間 $X$ を考える．空間は任意の2点を結ぶ道が存在するとき弧状連結といい，任意の点のまわりに単連結な近傍が存在するとき局所単連結という．直感をあまり裏切らない，良い空間を考えていると思ってもらえれば大方十分である．

図3.1　8の字

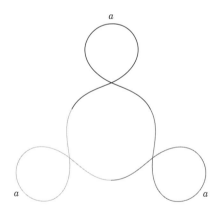

図3.2　8の字の3重被覆空間の一つ

**定義3.5**（被覆空間）　空間 $\overline{X}$ が $X$ を被覆しているとは，連続写像 $p\colon \overline{X} \to X$ が存在して，次を満たすことをいう：

　任意の点 $x \in X$ に対して弧状連結な近傍 $U$ が存在して，逆像 $p^{-1}(U)$ の各弧状連結成分に制限すると $p$ が同相写像となる．このとき $X$ を**底空間**(base space），$\overline{X}$ を $X$ の**被覆空間**（covering space）という．本項では $p: \overline{X} \to X$ を**被覆**とよぶ．各点 $x \in X$ の逆像の濃度 $|p^{-1}(x)|$ を被覆 $p: \overline{X} \to X$ の $x$ での**シート数**（number of sheets, degree）という．さらにある自然数 $n \in \mathbb{N}$ が存在して $\forall x \in X,\ |p^{-1}(x)| = n$ のとき，$\overline{X}$ を $n$ 重被覆という．

　つまり，局所的に $\overline{X}$ が $X$ のいくつかのコピーで出来上がっているとき，$\overline{X}$ は $X$ を被覆しているという．図 3.2 にて色の違いは図 3.1 のコピーがどこに見えるかを表している．ここで，シート数は局所的に定数であり，$X$ が連結ならば $X$ 全体で定数であることなどもわかる．数学で新しい概念が現れたとき，どんなものを "同じ" とみなすかは大切な視点である．被覆の同型を定義しておこう．

**定義 3.6**（被覆の同型）　二つの被覆 $p_1: \overline{X}_1 \to X$ と $p_2: \overline{X}_2 \to X$ が**同型**（isomorphic）であるとは，ある同相写像[5] $f: \overline{X}_1 \to \overline{X}_2$ が存在して次の可換図式

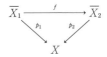

すなわち，$p_1 = p_2 \circ f$ を満たすことをいう．

　後ほど普遍被覆を，基本群を "ほどいて" 構成する．通常の被覆空間は基本群の一部をほどく．ほどくループの数だけ底空間のコピーを用意して貼り合わせたのが被覆空間である．少しだけ思い出しておくと，$X$ 内のループは連続写像 $\gamma: [0,1] \to X$ で $\gamma_- = \gamma(0)$ と $\gamma_+ = \gamma(1)$ が一致するものであった．そして空間の間の連続写像 $f: X \to Y$ があったとき，写像の合成 $f \circ \gamma$ は $Y$ 内のループを与える．この対応で基本群の間の（準同型）写像 $f_\#: \pi_1(X, x) \to \pi_1(Y, f(x))$ が定義されたのであった．いま，$p: \overline{X} \to X$ を被覆とする．これは連続写像である．ほどかれずに残ったループは $p_\#(\pi_1(\overline{X}, x))$ として記録されている．特

---

5）トポロジーを保つ写像のこと．

に次が成り立つ.

**命題 3.7** 被覆 $p\colon \overline{X} \to X$ が誘導する基本群上の写像
$$p_\sharp\colon \pi_1(\overline{X}, x) \to \pi_1(X, p(x))$$
は単射である.

命題 3.7 の証明はホモトピーの持ち上げ, 道の持ち上げなどがキーワードである. 詳しいことは文献 [1], [2], [3] などに譲る. 次の定理 3.8 も証明や共役など出てくる単語の解説は省略するが, 次の被覆の理論において重要なので主張だけは書いておきたい. 以後, 基本群の基点が本質的でないときは省略して単に $\pi_1(X)$ などと書く.

**定理 3.8** 位相空間 $X$ の被覆の同型類は $\pi_1(X)$ の部分群の共役類と 1 対 1 対応がある.

つまり, 本質的にはとりうる被覆空間の形は基本群で理解できる. 特に, 自明な部分群 $\{\mathrm{id}\}$ に対応する被覆が(共役類はただ一つのため)一意に定まる.

**定義 3.9** 被覆 $p\colon \overline{X} \to X$ は $\pi_1(\overline{X}) = \{\mathrm{id}\}$ のとき, **普遍被覆**(universal covering)という.

定理 3.8 が成り立つためには局所単連結という条件(もしくはそれを少し弱めた条件)が必要である. 実際, 局所弧状連結かつ弧状連結であるが普遍被覆を持たない例が存在する. $C_n$ を半径 $1/n$, 中心 $(1/n, 0)$ の円とする. このとき,

$$\bigcup_{n \in \mathbb{N}} C_n$$

は**ハワイアンイアリング**(図 3.3)とよばれ, 普遍被覆を持たない. 原点のまわりに無限個の輪が集まっており, どれだけ小さな近傍をとっても輪っかが含まれてしまい局所単連結にならない. そのため, ほどいてもほどいても, 原点まわりに本質的な"ひと周り"が生き残ってしまうのである.

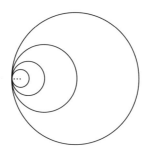

**図 3.3** ハワイアンイアリング

　少しだけガロア理論との関わりを述べる．専門用語など詳しいことは文献
[4] などに譲るが，流し読みしていただけると嬉しい．まず群論の言葉を用意
する．群 $G$ の部分群 $H$ が与えられたとき，$g_1 \sim g_2 \iff g_1^{-1} g_2 \in H$ と定義する
ことで同値関係が得られる．この同値関係で割った結果を $G/H$ と書く．この
$G/H$ はいつでも群となるとは限らない．$H$ が**正規部分群**であるとは，$G/H$ が
自然に群となる要請を満たすことをいう．$H$ が正規部分群のとき，$G/H$ を**商
群**という．

　さて，被覆 $p\colon \overline{X} \to X$ が誘導する部分群 $p_\sharp(\pi_1(\overline{X})) < \pi_1(X)$ が正規部分群
であるとき，**ガロア被覆**（Galois covering）であるという．この名前は，ガロア
が多項式の解の対称性を見出した際のアナロジーとして被覆が捉えられること
から来ている．実際，ガロア被覆に対しては，商群 $\pi_1(X)/p_\sharp(\pi_1(\overline{X}))$ が $\overline{X}$ に
作用し，その商空間 $\overline{X}/(\pi_1(X)/p_\sharp(\pi_1(\overline{X})))$ は $X$ と同相になる．

**例 3.10** 円周 $\mathbb{S}^1$ の基本群 $\pi_1(\mathbb{S}^1)$ は $\mathbb{Z}$ と同型である．$\mathbb{Z}$ の部分群は自然数
$n \in \mathbb{N}$ に対して $n\mathbb{Z}$ と書ける（$\mathbb{Z}$ はアーベル群なので共役類は 1 点集合）．この
部分群に対応する被覆 $\overline{X}_n$ は $\mathbb{S}^1$ を $n$ 倍した円周である．$\overline{X}_n$ 上には商群 $\mathbb{Z}/n\mathbb{Z}$
が $1/n$ 回転で作用しており，その商空間 $\overline{X}_n/(\mathbb{Z}/n\mathbb{Z})$ は $\mathbb{S}^1$ となる．

　本章の最後に「普遍」という言葉の意味を別の表現で理解しておく．本書で
はそこまで伝えられないが，一見複雑に見えるこの普遍性の特徴づけは，数学
の随所に現れる "普遍性" の理解を進めていくととても自然なものに見えてくる．

**定理3.11**（普遍性） $X$ を位相空間とし，$\tilde{p}\colon \widetilde{X} \to X$ をその普遍被覆とする．このとき任意の位相空間 $Y$ からの被覆 $p\colon Y \to X$ に対して，被覆 $\bar{p}\colon \widetilde{X} \to Y$ が存在して次の可換図式

を満たす．

　証明はトポロジーの参考文献を参照してほしい．定理3.11を用いると，普遍被覆が（同型を除いて）一意であることがわかる．つまり，二つ普遍被覆があったとして，両方に定理3.11を適用すると被覆の同型が得られる．"普遍性"のとても面白い帰結なので，ぜひ考えてみてほしい．

## 3.3 ● 普遍被覆の構成

　ここまで，形式的な普遍被覆の定義を見てきた．ここから実際に普遍被覆を構成する方法について解説する．道を繋いで，ほどいて作っていく．このあたりは絵を自分で描きながら追っていただくとわかりやすいと思う．円環(annulus)の例を図3.4，図3.5に載せたので参考にしてほしい．$X$ を弧状連結かつ局所単連結な位相空間とし，基点 $x_0 \in X$ を固定する．このとき，空間 $\widetilde{X}$ を次のように定める．
$$\widetilde{X} := \{[\gamma] \mid \gamma \text{ は } \gamma_- = x_0 \text{ を満たす道}\}.$$
ここで $[\gamma]$ は端点を固定したホモトピー類を表す．この $\widetilde{X}$ はどのような空間だろうか？

　手始めに，二つの道 $\gamma_0$ と $\gamma_1$ が $x_0$ と $y$ を結んでいるとする．積 $\gamma_1 \cdot \overline{\gamma_0}$ は $x_0$ を基点とするループで，基本群 $\pi_1(X, x_0)$ の元を与える．思い出しておくと，道 $\gamma_0$ と $\gamma_1$ が端点を固定してホモトピックになる必要十分条件は積 $\gamma_1 \cdot \overline{\gamma_0}$ が $\{\mathrm{id}\}$ に対応することであった．もし $\pi_1(X, x_0)$ が自明群，すなわち $X$ が単連結であるなら，$\gamma_1 \cdot \overline{\gamma_0} = \{\mathrm{id}\}$ はいつでも成り立つ．すると $X$ の各点 $y$ に $x_0$ と $y$ を結ぶ道 $\gamma_y$ のホモトピー類がただ一つに定まり，この対応により $X = \widetilde{X}$ がわかる．

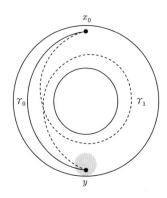

**図 3.4** 円環上の道

　では，$x_0$ と $y$ を結ぶ道のホモトピー類が複数あったとするとどうなるだろうか？ $\widetilde{X}$ は道のホモトピー類からなる空間である．特に $x_0$ と $y$ を結ぶ道のみを考えてみると，そのホモトピー類は**基本群の元の数だけある**．この事実を理解するためにまず，$\gamma_0$ として $x_0$ と $y$ を結ぶ道を一つ固定しよう．以降，混乱が生じないときは，ホモトピー類のカッコ $[\cdot]$ は省略する．もう一つ $\gamma_1$ が $x_0$ と $y$ を結んでいるとき，$\gamma_0 \cdot \overline{\gamma_1}$ は基本群 $\pi_1(X, x_0)$ の元となる．さて，さらにもう一つ $\gamma_2$ が $x_0$ と $y$ を結んでいたとして基本群の元として $\gamma_1 \cdot \overline{\gamma_0} = \gamma_2 \cdot \overline{\gamma_0}$ とする．群の積は道の積で定義していた．そのため
$$\mathrm{id} = \gamma_1 \cdot \overline{\gamma_0} \cdot (\gamma_2 \cdot \overline{\gamma_0})^{-1} = \gamma_1 \cdot \overline{\gamma_0} \cdot \gamma_0 \cdot \overline{\gamma_2} = \gamma_1 \cdot \overline{\gamma_2}$$
であり，$\gamma_1$ と $\gamma_2$ がホモトピックであることがわかる．逆に適当に $[\delta] \in \pi_1(X, x_0)$ となるようにとると，$\gamma_\delta := \delta \cdot \gamma_0$ は $x_0$ と $y$ を結び $\gamma_\delta \cdot \overline{\gamma_0} = \delta$ となる．よってたしかに $x_0$ と $y$ を結ぶ道は基本群の元と 1 対 1 に対応する．このあたりは，基本群が代数としての群であり演算が記号で行えるメリットが垣間見える．この議論では実際には図 3.5 のように，基本群の元に対して一周回って帰ってきたら，別の場所に用意したコピーへ移る絵を考えている．図 3.5 には $y$ が二つ見えるはずだ．本来は $\widetilde{X}$ 上では別々の点であるが，$X$ の点 $y$ のコピーがたくさんある，という意味で同じ記号を用いている．

　さて，一つの点 $y \in X$ に関して，普遍被覆には基本群の元の数だけコピーが存在することを見た．ここで $X$ が局所単連結であったので，$y$ のまわりに単連

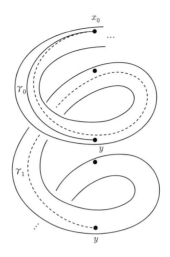

**図 3.5** 普遍被覆の一部

結な近傍 $U$ が存在する（図 3.6）．単連結性から任意の $y' \in U$ に対して $y'$ と $y$ を結ぶ道のホモトピー類がただ一つ定まる．代表元を一つ $\gamma_{y'}$ とすると $\gamma_0' := \gamma_0 \cdot \gamma_{y'}$ という $x_0$ と $y'$ を結ぶ道が一つ定まる．この $\gamma_0'$ に対して上の議論を適用する．すると，やはり $y'$ に対しても普遍被覆には基本群の元の数だけコピーが存在する．この $y'$ は任意であったので近傍 $U$ に対して普遍被覆には基本群の元の数だけコピーが存在することがわかる．あとは，図 3.7 のように点と点を道で繋いで，単連結な近傍で覆うと，最初に述べた「普遍被覆は基本群の数だけコピーを用意して貼り付けた空間」の意味が理解できる，はずである．道の終点を対応させる $p : \widetilde{X} \to X$ が被覆写像を与えている，つまり $[\gamma] \in \widetilde{X}$ に対して $p([\gamma]) = \gamma_+$ と定めればよい．図 3.7 は知っている人は解析接続などの概念を思い起こすかと思う．それはとても正しい直感だ．実はこの絵は普遍被覆に幾何構造を定めるのにも大切で，そのアイデアは解析接続のそれだ．最後に詳細は省くが $\widetilde{X}$ の位相的性質を述べておこう．

**命題 3.12** $\widetilde{X}$ は弧状連結かつ単連結である．

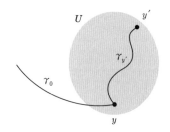

図3.6 $y$ まわりの近傍

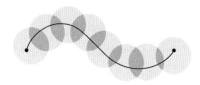

図3.7 2点を結ぶ道を単連結領域で覆う

## 3.4●普遍被覆への基本群の作用

普遍被覆 $\widetilde{X}$ を，空間 $X$ 上の，始点が $x_0$ の道のホモトピー類の集合として定義した．基本群の元は $x_0$ を基点とするループのホモトピー類であった．そこで $g = [\delta] \in \pi_1(X, x_0)$ に対して

$$g \colon \widetilde{X} \to \widetilde{X}$$

を $g([\gamma]) = [\delta \cdot \gamma]$ と定める．ホモトピーの性質により右辺は代表元 $\delta$ のとり方によらない．これにより $\pi_1(X, x_0) \to \mathrm{Map}(\widetilde{X})$ が得られる．上で見たように，局所的にはこの対応は単連結な近傍で理解できる．近いものが近くに写る関係が崩れないため，この対応は連続な群作用になっている．

最後に普遍被覆の基本群の作用による商空間が初めの空間 $X$ に一致することをみる．相異なる2点 $[\alpha] \neq [\beta] \in \widetilde{X}$ を考える．この2点の $p$ による像が一致している，すなわち $p([\alpha]) = p([\beta])$ とする．このとき，$X$ 上で $\alpha_+ = \beta_+$ である（∵ $p$ の定義）．$[\alpha] \neq [\beta]$ より $\alpha$ と $\beta$ はホモトピックでなく，$g := [\alpha \cdot \overline{\beta}]$ は $\pi_1(X, x_0)$ の自明でない元である．次の結論は定義を丁寧に理解すればわかるはずだ．

**命題 3.13** $g([\beta]) = [\alpha]$ であり，逆に任意の $h \in \pi_1(X, x_0)$ と任意の元 $[\gamma] \in \widetilde{X}$ に対して $p(h([\gamma])) = p([\gamma])$ が成り立つ．さらに $X \cong \widetilde{X}/\pi_1(X, x_0)$ が成り立つ．

## 3.5● 普遍被覆と基本群の例

最後に普遍被覆と基本群の例をあげておく．具体的な構成は紙数の都合で省くが，眺めておくことにきっと意味があるはずだ．そして，実はまったく同じ絵を違う方法で後に見ることになる．

**例 3.14** 円周 $\mathbb{S}^1$.
- 基本群：$\pi_1(\mathbb{S}^1) \cong \mathbb{Z}$
- 普遍被覆：$\widetilde{\mathbb{S}^1} \cong \mathbb{R}$（図 3.8）

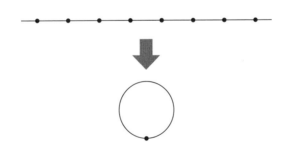

図 3.8 円周 $\mathbb{S}^1$ の普遍被覆

**例 3.15** トーラス $\mathbb{T} := \mathbb{S}^1 \times \mathbb{S}^1$.
- 基本群：$\pi_1(\mathbb{T}) \cong \mathbb{Z}^2$
- 普遍被覆：$\widetilde{\mathbb{T}} \cong \mathbb{R}^2$（図 3.9）

**例 3.16** 種数 $g$ の曲面 $\Sigma_g$.
- 基本群：$\pi_1(\Sigma_g) \cong \langle a_1, b_1, \cdots, a_g, b_g \mid [a_1, b_1][a_2, b_2]\cdots[a_g, b_g]\rangle$
- 普遍被覆：$\widetilde{\Sigma_2} \cong \mathbb{H}^2$（図 3.10 は 2 次元の双曲平面，詳細は 5 章で詳しく！）

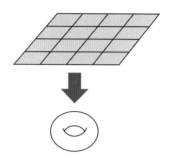

**図 3.9** トーラス $\mathbb{T}$ の普遍被覆

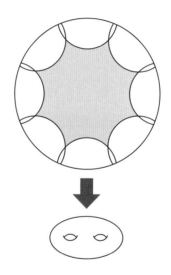

**図 3.10** 種数 2 の曲面 $\Sigma_2$ の普遍被覆

**例 3.17** 8 の字 $\mathbb{S} \vee \mathbb{S}$.

- 基本群：$\pi_1(\mathbb{S} \vee \mathbb{S}) \cong F_2$（階数 2 の自由群）
- 普遍被覆：$\widetilde{\mathbb{S} \vee \mathbb{S}} \cong T_4$（図 3.11）（各頂点の次数（degree, valency）が 4 の無限グラフ．詳細は 7 章にて．表紙に注目！）

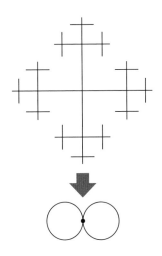

**図 3.11** 8 の字の普遍被覆

　普遍被覆．低次元の場合はあまり形にバリエーションがないことがのちにわかる．実は，少ないバリエーションは綺麗な幾何の存在を示唆する．次章では普遍被覆の自然な幾何構造を記述するための理論を紹介する．

**参考文献** ─────────────────────────────────

［1］河澄響矢著,『トポロジーの基礎(上・下)』, 東京大学出版会, 2022 年.

［2］小島定吉著,『トポロジー入門』, 共立出版, 1988 年.

［3］Allen Hatcher, *Algebraic Topology*, Cambridge University Press, 2002.

［4］桂利行著,『代数学 1 ── 群と環』, 東京大学出版会, 2004 年.

# 第4章
# 多様体と幾何構造
## 曲がった空間

　本書で扱う"幾何をもつ空間"は"曲がって"いる．例えば，平面の上に適当に曲線を書けば1次元の"曲がった"幾何をもつ空間が得られる．この"曲がり具合"を表す概念として曲率がある．1次元の場合には，曲線に沿ってできるだけ大きい円をあてがい，その円の半径 $r$ の逆数 $1/r$ を曲率という（図4.1）．これはとてもわかりやすいのではないかと思う．半径が小さい円は急激に曲がっている，半径が大きい円はおおらかに曲がっている．地球に沿って進めば，僕らは少しずつ曲がっているはずだがその曲がり具合は知覚できないくらいに緩やかだ．半径が巨大でその逆数である曲率は小さい．まっすぐな直線は"半径 ∞"の円だと思えば，曲率0だ．曲線の曲率はいつでも0以上の値をとる．

**図 4.1**　曲線の曲率を表す円

　曲率は2次元の空間についても定義できる．2次元の空間をしばしば曲面と呼ぶ．漢字から自然に想像できるが，曲面は曲がっている．だから，曲率を定義することができる．身近な曲面としては，ボールの表面がある．まるい．球面と呼ばれる．浮き輪の表面も曲面の例だ．トーラスという．曲面の曲率を理

解するために，円盤型のシールを貼ること考えよう．シールを貼ったとき"どれくらい余るか？"が曲面の曲率である．シールを貼る様子は図を描くより，読者の想像力を使った方が伝わると信じている．球面の上に円盤型のシールを貼ろうとすると，どうしても"余り"が出て，ぴったり貼れない．これが球面の曲率は正であるという事実に対応している．平らなテーブルならばピッタリ貼れる．平面の曲率はもちろん0だ．では，円柱の側面を考えてみると？　やっぱりシールはピッタリ貼れて，曲率は0だ．ちょっと曲がって見えるけど，どうやら"まっすぐ"である．実を言うと，トーラス上にも至るところ曲率0の幾何を乗せることができる．ただし，"普通の"浮き輪の表面は曲がっている．トーラスに至るところ曲率0の幾何を乗せる方法は本章の最後に説明する．

　さて，正，ゼロときたら負の曲率をもつ空間が気になる．曲線の曲率はいつでも0以上だが，曲面は負曲率をもちうる．負曲率をもつ曲面というと判で押したように，馬の鞍がでてくる．ここでお話ししている曲率は正確にはガウス曲率と呼ばれ，ガウス（1777年4月30日-1855年2月23日）が定義した量だ．当時は，馬の鞍はとても身近であったのであろう．数学では**鞍点**（saddle point）と名前がついている（図4.2）．良い練習なので頭の中で鞍点にシールを貼ってほしい．鞍点の上ではシールは足りない，つまりマイナス分だけ余っている．したがって，鞍点は負曲率をもっている．こうして曲面にシールを貼れば，貼った場所での曲率がわかり，正，ゼロ，負の3通りがある．

　この先，曲率が負の場合が本書で後々重要な意味をもつ．今回の話は，群の"幾何構造"を定義するための布石で，とくに，群が負曲率をもつ状況を考えたいのである．至るところ曲率が−1の多様体と定義される双曲多様体の3次元

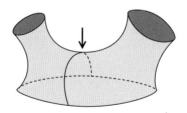

**図4.2**　矢印のところが鞍点．全体の曲面はパンツ（専門用語です！）と呼ばれ2次元双曲幾何学において重要な曲面である．

トポロジーにおける重要性を発見したのがサーストンだ．一般の人への数学を紹介することにも興味があったサーストンは日頃から数学を身の回りで探していたようだ．馬の鞍が身近でなくなった今，サーストンは葉っぱを負曲率をもつ例として挙げている．よくよくみると，たしかに負曲率をもつ葉っぱがたくさんある（図4.3）．もしくは，図4.4のようなギザギザした葉っぱもある．このギザギザした葉っぱも円盤型のシールを貼ることを考えれば負曲率の名残としてみることができる．足りないのだ．葉っぱをシールのように"平ら"のま

**図 4.3** 桜の葉っぱの負曲率．鞍点のように一つの方向に山型，もう一つの方向に谷型になっている．

**図 4.4** わさび菜の葉っぱの負曲率．鞍点にシールが貼れないのと同様に，"破れて"ギザギザしている．

まにしようとすると，その負曲率が葉っぱを"ちぎる"．どうして葉っぱがこんなにも負曲率をもちたがるのか？　テキトーな説を述べてよいのならば，「葉脈が関係している」と言いたい．多くの葉っぱにおいて葉脈は図4.5のような形をしている．そこに負曲率が，グロモフが定義したグロモフ双曲性がみてとれる．

　グロモフ双曲性は本書で紹介したい主役と言える概念だ．今は，とりあえず信じてほしい．多様な葉っぱの形は，さまざまな"負曲率"の現れ方を僕らに教えてくれている．負曲率の幾何，とくに双曲幾何は非ユークリッド幾何学と呼ばれ，人々に受け入れられるのに時間がかかった．負の数然り，虚数然り，数学ではよくあることであるが，浸透するのに時間がかかった概念は，決して不自然なわけではなく，人々はただびっくりしただけだ．曲がった幾何，非ユークリッド幾何をみると馴染むのに時間がかかるかもしれない．けれど，葉っぱを眺めていれば負曲率の幾何は机上の空論ではなく，たしかに身の回りに存在することを肌で感じることができる．

　曲がった空間を数学で表現するために，今回は幾何構造をサーストンが導入した $(G, X)$ 構造を用いて解説する．多様体と呼ばれる空間を記述する方法から始め，位相，微分構造，幾何構造の関係性を紹介する．これまでの話を思い出そう．基本群でとらえた"意味のある一回り"ごとに，もとの空間のコピー

**図 4.5**　葉脈．細かいところを無視して"本筋"を見るとグラフ理論でいう「木」のようになる．詳細は 7 章で．

（パラレルワールド）を用意することで空間を“ほどいて”得られる普遍被覆．ほどいた一回りをつなぎ合わせるようにして普遍被覆には基本群が作用している．その商空間は初めに考えていた空間となる．この群作用で割る操作と幾何が何かしらの意味でキレイに対応していると，最初の空間にキレイな幾何が誘導できる．キレイとは，ここでの“キレイ”を数学にする言葉が $(G, X)$ 構造である．ここでの $G$ はしばしばリー群などの構造が乗っている群になるが，ここでは $X$ 上の等長写像からなる群とする．2次元，3次元の多様体の場合は $(G, X)$ 構造として，いつでも“非常に対称性が高い”空間を見つけられることが知られている．2次元の場合は幾何の候補は3種類．球面幾何，ユークリッド幾何，そして双曲幾何．では，3次元の場合はどうか？

3次元の多様体のバリエーションは2次元と比べて非常に多い．キレイな幾何がすっと乗るのは難しいと思われていた．しかし20世紀も終わりに近づく頃，3次元多様体の研究が進み，多様体がさまざまな方法で標準的に分割されることがわかってきた．最初は分割後の空間も多様性があるように思えていたが，サーストンは「3次元多様体の標準的な分割の後に乗るキレイな幾何の候補は8種類でつくされる」と予想した．これが幾何化予想である[1]．有名なポアンカレ予想は幾何化予想に含まれており，それぞれの幾何は $(G, X)$ 構造を用いて記述されている．3次元の場合も，トポロジーは幾何を知っていた．

幾何を忘れてカタチの本質に迫ったトポロジーの研究のその先に，とてもキレイな幾何が乗る．こんな奇跡がカタチの本質を，キレイな幾何を用いて研究することを可能にした．幾何とトポロジーが相互作用する．特に2次元，3次元の双曲幾何は，複素解析など他分野との縁も深い．トポロジーはキレイな幾何と出会うことで，さらにたくさんの数学とつながった．ひとは $e^{i\pi}+1=0$ の式に感動する．ネイピア数，円周率，虚数単位，単位元，ゼロ，さまざまな分野で自然に現れた数学が一堂に出会うからだ．低次元トポロジーもまた，幾何を通して多様な数学とつながっている．

---

[1] 幾何化予想を解決したペレルマンをめぐるストーリーはとても面白いので興味がある人は調べてみてほしい．例えば，『世紀の難問はなぜとけたのか』(NHK 出版)など．

## 4.1 ● 多様体

まずは多様体の定義から始める.

**定義 4.1**（多様体） $M$ をハウスドルフ空間[2]とする. $M$ が $n$ 次元**多様体**($n$-manifold)であるとは，次を満たす開集合の族 $\{U_i\}_{i\in I}$ が存在することをいう.

（1） $\bigcup U_i = M$，つまり $\{U_i\}_{i\in I}$ は開被覆である.

（2） 各 $i \in I$ に対して，像への同相写像 $\varphi_i \colon U_i \to \mathbb{R}^n$ が存在する.

（3） もし $U_i \cap U_j \neq \emptyset$ ならば，$\varphi_j(U_i \cap U_j)$ 上で定義される

$$\varphi_{ji} := \varphi_i \circ \varphi_j^{-1} \colon \varphi_j(U_i \cap U_j) \to \varphi_i(U_i \cap U_j)$$

は**同相写像**となる. この $\varphi_{ji}$ を**座標変換**という.

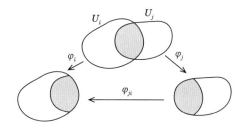

**図 4.6** 定義 4.1 の模式図

ここで条件(2), (3)の同相写像という条件を強調したい. 同相写像というのはトポロジーを保つ写像で，全単射，連続，そして逆写像 $f^{-1}$ も連続な写像として定義される写像だ. 逆写像をもつことに特に注意したい.「連続」よりも強い概念として「微分可能」がある. 微分可能な写像は連続であるが，逆はいつでも成り立つわけではない. 座標変換に微分構造を乗せることで次のように多様体に微分構造が入る.

---

2）相異なる2点が開集合で分離できる位相空間. おまじないだと思ってよい.

**定義 4.2**　多様体 $M$ は $\varphi_{ji}$ が滑らかな微分同相写像であるとき，**可微分多様体**という．

**注意 4.3**　ここでの「滑らか」は無限回微分可能であることを意味する．上の定義で"滑らか"を $C^r$-級($r$ 階微分が連続の意味．多くの人は大学初年度の微積で習うはずだ)とすることで，$C^r$-**級可微分多様体**が定義できる．

　$M$ 上の微分構造は $\varphi_i$ で $\mathbb{R}^n$ の微分構造を引き戻すことで定義されていると考えることができる．定義 4.1 の条件 (3) における $\varphi_{ji}$ の微分可能性は，$\varphi_i$ の引き戻しによる微分構造が "キレイ" に貼り合うために必要なものである．さて，この条件 (3) において $\varphi_{ji}$ に課した制約を，より幾何学的にしたい．その前にすこしだけ，お話．

　トポロジーは，対象が「自由に変形できる」と考えることによりカタチの本質にせまる．多様体上の微分構造は変形の "自由度" に制約を与えている．考えている多様体の単に連続な変形のみを考えるならば，折り曲げて角をつくったりしてよい．可微分多様体を考え，滑らかな変形を考えている際には，折り曲げてしまうと微分構造が壊れてしまう．微分というのは進む方向を定める．折り曲がっていると進む方向が突然あらぬ方向に変わる．これが「微分が連続でない」状況だ．もちろん「滑らか」でない．折り曲げるような変形が許されなくとも，可微分写像による変形はかなりの自由度がある．「Outside In: How to turn a sphere inside out」という球面をひっくり返す動画をみると感覚がつかめるのではないかと思う．

　さて，これからカタチに幾何を与える．幾何を与えられたカタチはきっちり "固まり" 変形しない．

# 4.2 ● $(G, X)$ 構造

　サーストンにより研究が重点的に始まった $(G, X)$ 構造についてお話しする．$X$ を連結，単連結かつ距離 $d$ が与えられた $n$ 次元多様体とする．本節では $f\colon X \to X$ は

- $f$ は向きを保つ[3]同相写像で
- $d(x, y) = d(f(x), f(y))$ が任意の $x, y \in X$ について成り立つ

とき**等長写像**という.

　等長写像全体は合成を演算として群をなす. つまり, 等長写像 $f: X \to X$ と $g: X \to X$ の合成 $f \circ g: X \to X$ は等長写像であり, また, 逆写像 $f^{-1}$ はそのまま $f$ の逆元, すなわち $f^{-1} \circ f = \mathrm{id}$ となる. この群を $\mathrm{Isom}^+(X)$ とかく. $\mathrm{Isom}^+(X)$ は $X$ の位相だけでなく, 幾何を保つ. 本書の序盤に, トポロジーは幾何を忘れてカタチの本質を摑む数学であるという話をした. 多様体の構造で空間にトポロジーが定まり, さらにこれから忘れた幾何を思い出す話をしていく. $G$ を $X$ 上の等長写像からなる群とする. すなわち $G < \mathrm{Isom}^+(X)$ を考える.

**定義 4.4**　多様体 $M$ が $(G, X)$ 構造をもつとは, 次を満たす開集合の族 $\{U_i\}_{i \in I}$ が存在することをいう.

（1）　$\bigcup U_i = M$.

（2）　各 $i \in I$ に対して, 像への同相写像 $\varphi_i: U_i \to X$ が存在する.

（3）　もし $U_i \cap U_j \neq \emptyset$ ならば, $\varphi_j(U_i \cap U_j)$ 上で定義される座標変換
$$\varphi_{ji} := \varphi_i \circ \varphi_j^{-1}: \varphi_j(U_i \cap U_j) \to \varphi_i(U_i \cap U_j)$$
　　　　は $G$ の元の制限となる.

　$(G, X)$ 構造の定義が多様体の定義ととてもよく似ていることにお気づきだろうか?　図 4.6 は多様体, 微分多様体, $(G, X)$ 構造をそれぞれを理解するのに参考にしてほしい図だ. $G < \mathrm{Isom}^+(X)$ は $X$ の幾何を保つ. $(G, X)$ 構造の場合は $\varphi_{ji}$ が幾何を保つ写像になる. 図 4.6 は構造(位相, 微分構造, 幾何など)をもつ空間へ $\varphi_i$ で局所的に写し, そして構造を保つ写像 $\varphi_{ji}$ で貼り合わせて,

---

3）「向きを保つ」というのは "ひっくり返さない" という意味. 不慣れな人はおまじないと思ってよい. 向きを「保たない」写像の典型例としては鏡に写す写像がある. 一方で, 平行移動や回転は向きを保つ.

空間全体へ拡張していくさまの模式図である。$(G, X)$ 構造の例をすこし見てみよう。最初はおなじみ、ユークリッド幾何だ。

**例 4.5**（ユークリッド幾何）　$\mathbb{R}^n$ に通常の距離、すなわち

$$d\left((x_1, \cdots, x_n), (y_1, \cdots, y_n)\right) = \sqrt{\sum_{i=1}^{n} (x_i - y_i)^2}$$

で定義される距離を考える。このとき $\mathrm{Isom}^+(\mathbb{R}^n)$ の任意の元 $f$ は $A \in SO(n)$ と $b \in \mathbb{R}^n$ を用いて $f(x) = Ax + b$ とかける。ここで $SO(k)$ は行列式が 1 の $k \times k$-直交行列からなる群である。$(\mathrm{Isom}^+(\mathbb{R}^n), \mathbb{R}^n)$ 構造をもつ多様体を**ユークリッド幾何**をもつという。

　一方で、$(G, X)$ 構造は非ユークリッド幾何学を記述する手法とも言える。非ユークリッド幾何学は曲率が正の球面幾何と、曲率が負の双曲幾何が代表的な例となる。双曲幾何は後の楽しみとして、球面幾何だけ紹介しておこう。

**例 4.6**（球面幾何）

$$\mathbb{S}^n := \left\{ (x_1, \cdots, x_{n+1}) \in \mathbb{R}^{n+1} \,\middle|\, \sum_{i=1}^{n+1} x_i^2 = 1 \right\}$$

を $n$ 次元球面という。$\mathbb{S}^n$ に $\mathbb{R}^{n+1}$ 上の通常のユークリッド距離を制限したものを考える。このとき、

$$\mathrm{Isom}^+(\mathbb{S}^n) = SO(n+1)$$

となる。$(SO(n+1), \mathbb{S}^n)$ 構造をもつ多様体を**球面幾何**をもつという。

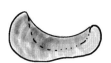

## 4.3 ● トーラスの幾何

2章, 3章において, 基本群や普遍被覆を概観してきた. それは, 今回現れてきた位相多様体に幾何が乗る様子を群作用を通して観察するためだ. トーラスの基本群と普遍被覆を思い出そう.

トーラスは $\mathbb{T} := \mathbb{S}^1 \times \mathbb{S}^1$ とかける空間であり, 基本群は $\pi_1(\mathbb{T}) \cong \mathbb{Z}^2$, 普遍被覆は $\widetilde{\mathbb{T}} \cong \mathbb{R}^2$ である(図 4.7). 平面 $\mathbb{R}^2$ はもちろんユークリッド幾何をもつ. トーラスの基本群である $\mathbb{Z}^2$ の各元は整数の組 $(a, b)$ で表される. ここで群作用を $A_{(a,b)} : \mathbb{R}^2 \to \mathbb{R}^2$ が $A_{(a,b)}(x_1, x_2) = (x_1 + a, x_2 + b)$ となるように定める. 平面 $\mathbb{R}^2$ 上のユークリッド距離は

$$d((x_1, x_2), (y_1, y_2)) = \sqrt{(x_1 - y_1)^2 + (x_2 - y_2)^2}$$

であるため

$$d((x_1, x_2), (y_1, y_2)) = d(A_{(a,b)}(x_1, x_2), A_{(a,b)}(y_1, y_2))$$

が任意の $(x, y) \in \mathbb{R}^2$, $(a, b) \in \mathbb{Z}^2$ に対して成り立つ. つまり, $A_{(a,b)}$ により定まる群作用は等長作用となる. そして, この作用による商空間 $\mathbb{R}^2/\mathbb{Z}^2$ がトーラス $\mathbb{T}$ になっている. 等長作用により "幾何は保たれる" ため, $\mathbb{R}^2$ のユークリッド幾何がそのままトーラスのユークリッド幾何となる.

トーラスは「正方形の対辺を貼り合わせて得られる」空間とも言える. その意味とユークリッド幾何の関わりについてコメントしておこう. $A_{(a,b)}$ で定まる群作用において, 4 点 $(0, 0), (1, 0), (0, 1), (1, 1)$ で定まる正方形 $R$ は次のような性質をもつ.

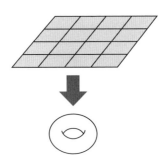

**図 4.7** トーラス $\mathbb{T}$ の普遍被覆

（1） 任意の $(x, y) \in \mathbb{R}^2$ に対して，ある $(a, b) \in \mathbb{Z}^2$ が存在して，$A_{(a,b)}(x, y)$ $\in R$ となる．

（2） 任意の $(a, b) \in \mathbb{Z}^2 \backslash (0, 0)$ に対して $A_{(a,b)}(R)$ は $R$ と交わったとしても，辺のみで交わる．

このような性質をもつ領域を**基本領域**という．群作用による商空間を考える際は，

$$x \sim y \Longleftrightarrow \exists g \in G \ \text{s.t.} \ gx = y$$

という同値関係を考えるのであった．(1) の性質をよく見てみると，$\mathbb{R}^2/\mathbb{Z}^2$ を与える同値関係において，どの同値類をとっても正方形 $R$ の点がその中に見つかる("代表元がとれる" という）ことがわかる．つまり，正方形 $R$ 以外の点は正方形 $R$ のどこかの点と同一視されるので正方形 $R$ だけを考えていれば十分である．さらに，(2) の性質は正方形の各点は辺をのぞいてそれぞれ別の同値類に属することを意味している．これは，考えている作用が $x$ 軸方向へ長さ 1 平行移動する $A_{(1,0)}$ と $y$ 軸方向へ長さ 1 平行移動する $A_{(0,1)}$ で生成されることからもわかる．逆に，

- $(0, 0)$ と $(1, 0)$ を結ぶ辺は $(0, 1), (1, 1)$ を結ぶ辺と $A_{(0,1)}$ で
- $(0, 0)$ と $(0, 1)$ を結ぶ辺は $(1, 0), (1, 1)$ を結ぶ辺と $A_{(1,0)}$ で

同一視される．言葉で長々と説明してきたが，以上をまとめると，「トーラスは正方形 $R$ を図 4.8 の矢印が合うように貼り合わせると得られる」となる．こうすると，多くの人がトポロジーの紹介に使う「20 世紀の RPG ゲームの世界地

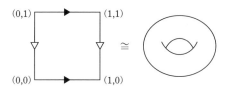

**図 4.8** トーラス $\mathbb{T}$ の作り方

図の多くは，実はトーラスですよ」という数学をより理解できる．

　さて，このようにするとトーラス上の開集合は $\mathbb{R}^2$ の開集合として理解してよいと納得していただけると信じる[4]．図 4.6 における $\varphi_{fi}$ は $\mathbb{R}^2$ の上の平行移動になる．それらはもちろんユークリッド幾何を保つ等長写像である．

　トーラスの場合は普遍被覆が $\mathbb{R}^2$ という自然に幾何をもつ空間と同一視され，基本群が幾何を保つ同相写像として実現できた．$(G, X)$ 構造をもつ空間の普遍被覆と，$\mathbb{R}^2$ のような自然な幾何をもつ空間との同一視は**展開写像**（developing map）と呼ばれる．展開写像は基本群やホモトピーの理論を用いて非常にキレイに構成されるが，紙数の都合もあり，ここでは「普遍被覆が自然に幾何をもつ空間と同一視され，基本群がその幾何を保つ等長写像になると，考えているもともとの空間に幾何がキレイに入る」と理解していただければ嬉しい．より詳しいことが知りたい人は巻末に参考文献の案内があるのでそちらを見てほしい．

　さて，トーラスの場合，普遍被覆が $\mathbb{R}^2$ と同一視できたのはトーラスが「正方形」の貼り合わせで構成できたからである．正方形の頂点に注目したい．図 4.8 において，貼り合わせを追いかけてもらうとわかるのだが，頂点$((0,0)$，$(0,1), (1,0), (1,1))$はすべて同一視される．幾何を載せるとき，1 点の周りの角度はもちろん $2\pi$，360 度であってほしい．そのため"見た目の"角度がそのまま幾何を表すためには，頂点の周りの角度が合計で $2\pi$ である必要がある．正方形の場合は本当にたまたま，内角の和が $2\pi$ でうまくいった．そして，内角の和が $2\pi$ でキレイに貼り合うからこそ，図 4.7 に見られるように，正方形を $\mathbb{R}^2$ に敷き詰め，トーラスの普遍被覆が理解できた．

## 4.4●穴のたくさんあいた曲面の幾何

　実は穴をもっとたくさんあけるとうまくいかない．穴が $g$ 個の曲面は $4g$ 角形の貼り合わせで得られることが知られている．穴の数を**種数**（genus）という．

---

4）多少飛躍があります，すみません．

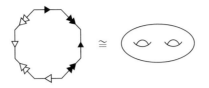

図 4.9　穴の数が 2 の曲面の作り方

種数 2 の絵を再掲しておく.

　本書ではこの事実は認めさせていただく.「閉曲面の分類」などのキーワードで調べるとたくさん文献が出てくるはずだ. 矢印を追いかけてもらえるとわかるが, 種数が 2 でも頂点はすべて同一視される. 同様の事実は種数が $g \geqq 2$ でも成り立つ. すると困る. $4g$ 角形の内角の和はゆうに $2\pi$ を超える. "そのまま" 貼り合わせたら, 頂点周りが "尖って" しまう. 頂点周りで幾何がキレイに貼り合わないのだが, 実はここに, "負曲率" が見える. 思い出してみると,「円盤型のシールを貼ってどれくらい余るか?」が曲率であった. もし, 図 4.9 に見える 8 角形をそのまま貼り合わせると, 頂点以外の点ではキレイにシールは貼れて曲率は 0 になる(曲率は各「点」の性質で, 僕らは無限に小さいシールを考えてよい). さて, 頂点周りにシールを貼ろうとすると?　もちろん足りない. 例えば正 8 角形の内角の和は $6\pi$, 1080 度だ. 円盤型のシールの中心周りの角度はもちろん $2\pi$ でガッツリ足りない. 他の点はシールはキレイに貼れて曲率 0 なのに, 頂点だけとんでもなく負曲率である. 実はこの構造は曲面の平坦構造と呼ばれて, たくさんの研究がある. けれど, 今回僕らは "平等な" 幾何を探したい. トーラスではどの点も平等に曲率 0 であった. 同じように, 種数が 2 以上の曲面にも特別な点がない平等な幾何を考えたい. つまり, 頂点周りに集まってしまった負曲率を "ならして", 全体を均一にしたい.

　そのために必要なのが「双曲幾何」である. 葉っぱの幾何だ. 非ユークリッド幾何学の代表的な幾何であり, 双曲幾何は驚くほど豊かだ. 双曲幾何を紹介するには, 本章の残りは狭すぎる, と数学者なら一度は言いたくなるようなセリフを残し, 詳しい説明は次章を楽しみにしていただきたい.

# 第5章
# 双曲幾何
## 非ユークリッド幾何学

**図5.1** 友人の XS さんの作成した，エッシャーの版画をモチーフにしたお皿．

　情報科学に「車輪の再発明」という言葉がある．車輪はすでにこの世に存在
しているのに，新しく車輪を自分で作り「この輪っかがくるくる回ることで，
いろいろなものが運べるんだぜ！」と自慢しても，「知ってるよ，車輪じゃんそ
れ」といわれる．プログラミングの世界では，先人たちの発明は「ライブラリ」
としてまとめられている．わざわざ他の人が作ったものを，自分で作り直すこ
とをさけ，ライブラリを積極的に利用し，どんどんお互いに新しいものを作り
あって，業界全体で成長していこう，という考え方だと思う．少し時を戻して，
21 世紀になったばかり頃．計算機，コンピュータの黎明期．ハッカーたちの思
想は「技術はフリー（無料）であるべき」で，技術は社会のために存在するとい

うものであった．今では当たり前になっているさまざまな技術が無料で公開され，情報技術は目を見張る勢いで成長した．理想と現実はせめぎ合い，少しずつ"それ"を使ってお金を儲けることを考える人が増えた．"タダ乗り"をした人々は大金持ちになった．そうして，情報技術を取り巻く空気はだいぶ様変わりした[1]．ネット上どこからも欲が大量に見て取れる．広告ばっかり．正直そうやってお金持ちになった人の多くは，あんまりカッコよくない．表に出てこない，本当にカッコよかった人たちのことを知って，憧れてほしいと思っている．

　さて，数学の世界では既知の事実は「定理」という形でまとめられる．そして，全部フリーである（身につけ，使っていくのはとても大変だけど）．数学の場合は，"意識して"車輪を作ってみることは結構大事だ．新しいものの作り方がつまっている．情報技術でも，おそらく学習の段階ではそうだ．数学の場合は，（さぼってしまいがちだが）どこまでいっても，すでにあるものを自分で再構成してみることには価値がある．ここに疑問はないが，これはなぜだろう．プログラムを実行するのは計算機だが，数学を行うのは人間だから，かな．とりあえず，数学ってかっこいいよね．

　なんでこんな話をしているかというと，「さあ，双曲幾何の話をするぞ」と思って考えた途中で，"説明方法"に関して，車輪の再発明をしそうになったからである．あやうく[2]，双曲空間のモデルや，等長写像を順番に紹介する，ありきたりな内容になりそうだった．ということで，どこかで見つけられる"よくまとまった"双曲幾何の話はしない．ここは，僕がやりたい放題，好きなものばっかりお話しする場所にさせていただく．そういう場所も，あってもよいと信じている．幾何学的群論で重要なのは双曲平面上の三角形なので，ここでは主に２次元，双曲平面の"車輪の作り方"の話をする．

　本題に入る前に冒頭の図 5.1 の紹介を．これはエッシャー（Maurits Cornelis Escher, 1898 年 6 月 17 日-1972 年 3 月 27 日）のアイデアをもとに，友人の XS さんが焼いたお皿である[3]．双曲平面の紹介にピッタリだ．双曲平面の一つの

---

1）そして僕は年寄りじみてきた？
2）いや，たぶんそれが標準的で，きっとよいものなのだろう．
3）本書のほんわかした絵は XS さんの作品である．

特徴として，多様なタイリングを許容することがある．僕らの馴染みのあるユークリッド平面だと，本質的に"群作用と相性の良い"タイリングは3角形，4角形，6角形によるもののみであることが知られている．一方で，双曲平面では任意の $n \geq 5$ に対して $n$ 角形の群作用と相性の良いタイリングが知られている．実はこの事実が，種数が2以上の曲面に双曲構造が入ることに対応している．綺麗なタイリングから着想を得て，エッシャーはさまざまな双曲平面のタイリングの絵を描いている．

エッシャーは数学者ではないが，数学を題材とした作品を数多く残している．少し昔，エッシャー展に行った．エッシャーは若い頃は人物や風景を描き，徐々にキリスト教など宗教に関する作品が増えていった．そして戦争の後に，人を描くことをやめたという．年齢を重ねるにつれ作品から見て取れる思考の量が増えていった．悩みや怒り，絶望に近い感覚を僕は勝手に読み取った．この印象を表現する日本語の力を僕が持ち合わせていないのが歯痒いけれど，深くものを考えた人からしばしば感じる悲しみがそこにはあった．そうして，エッシャーは50歳くらいから数学から発想を得たであろう作品を描き始める．エッシャーの感性を想像しながら，そうそう，芸術って(いい意味で，ではあるが)摑みどころがなくて，怖いよねと思ったのをよく覚えている．

数学は，証明ができる．だから，頼り甲斐がある．芸術とどちらが良いかなどを決めるつもりはないが，その二つを繋げてみせたエッシャーは面白い．非ユークリッド幾何である双曲幾何を受け入れるのに人々は少なからず苦労した．それでも，存在には証明があった．確かだった．結果として，多少時間はかかったが，今では当たり前のように多くの人が研究している．

## 5.1 ● 双曲平面への群作用

さて，双曲幾何だ！　非ユークリッド幾何学の代表例である．ユークリッドの平行線の公理が成り立たない空間として知られる．本書は群作用が主題である．双曲空間を群作用と合わせて解説していこう．

エッシャーの絵は円盤モデルを題材としている．対称性が高く絵としては良いが，説明のしやすさからここでは上半平面モデルを紹介する．

$$\mathbb{H} := \{z \in \mathbb{C} \mid \mathrm{Im}(z) > 0\}$$

を**上半平面**(upper half plane)という．$\mathrm{Im}(z)$ は複素数 $z$ の虚部である．$\mathbb{H}$ の境界 $\partial\mathbb{H}$ を実軸 $\mathbb{R}$ と $\{\infty\}$ の和集合とする．$\partial\mathbb{H}$ は 11 章で紹介するグロモフ境界とみなせる．$\overline{\mathbb{H}} := \mathbb{H} \cup \partial\mathbb{H}$ とする．$\mathbb{H}$ への $2\times2$ の実行列 $A = \begin{pmatrix} a & b \\ c & d \end{pmatrix}$ の作用を次で定義する．

$$A \cdot z := \frac{az+b}{cz+d} \tag{5.1}$$

**一般線型群**(general linear group) $\mathrm{GL}(2, \mathbb{R})$ は各成分が実数で，逆行列をもつ行列からなる群である．その中で行列式が正であるものを $\mathrm{GL}_+(2, \mathbb{R})$ と書く．次の命題は簡単な計算で確かめることができる．

**命題 5.1** この群作用は次の性質をもつ．

- 式 $(5.1)$ は群作用 $\mathrm{GL}(2, \mathbb{R}) \curvearrowright \widehat{\mathbb{C}} := \mathbb{C} \cup \{\infty\}$ を定める．
- 式 $(5.1)$ は群作用 $\mathrm{GL}_+(2, \mathbb{R}) \curvearrowright \overline{\mathbb{H}}$ を定める．
- $\mathrm{Im}(A \cdot z) = \dfrac{\det(A) \cdot \mathrm{Im}(z)}{|cz+d|^2}$.

ここで，$\det(A) = ad - bc$ は行列 $A$ の行列式である．さて，この作用を微分してみると次が得られる．

$$A'(z) = \frac{\det(A)}{(cz+d)^2}$$

なんだか $\mathrm{Im}(A \cdot z)$ とよく似ている．実際，

$$\frac{|A'(z)|}{\mathrm{Im}(A \cdot z)} = \frac{1}{\mathrm{Im}(z)} \tag{5.2}$$

である．

**定義 5.2** 上半平面 $\mathbb{H}$ 上の各点 $z = x + y\sqrt{-1}$ の上での計量

$$ds^2 = \frac{dx^2 + dy^2}{y^2}$$

を**双曲計量**という．

突然計量を導入してしまった．計量は線分の長さの測り方を与える．実際，道 $\gamma = (x, y)\colon [a, b] \to \mathbb{H}$ の長さは

$$\int_a^b \frac{\sqrt{(dx/dt)^2 + (dy/dt)^2}}{y(t)} dt$$

で定義される．ちなみに通常のユークリッド計量は $dx^2 + dy^2$ である（ピタゴラスの定理を思い出そう）．慣れない人は，双曲計量はユークリッド計量を $z = x + y\sqrt{-1}$ の虚部で割った計量と思ってもらえれば十分である．

さて，微分は局所的なものの引き伸ばしの度合いを計っていた．式(5.2)は"$1/y$"は $A$ の作用で不変であると教えてくれる．少々荒っぽい議論だが，これにより，以下がわかる．

**命題 5.3** 任意の $A \in \mathrm{GL}_+(2, \mathbb{R})$ は等長写像 $A\colon \mathbb{H} \to \mathbb{H}$ を定める．

ここで単位行列 $I$ を実数 $r \neq 0$ 倍した行列 $rI$ は上の作用において自明に作用している（すなわち $rI \cdot z = z$, $\forall z \in \mathbb{H}$）．この $\{rI\}$ は $\mathrm{GL}_+(2, \mathbb{R})$ の中心（すべての元と可換）であり，正規部分群をなす．そのため，$\mathrm{GL}_+(2, \mathbb{R})$ を $\{rI\}$ で割った群

$$\mathrm{PSL}(2, \mathbb{R}) := \mathrm{GL}_+(2, \mathbb{R})/\{rI\}$$

が，本質的に重要である．ここで P"S"L となっているのは，行列式が 1 のものが代表元としていつでも取れるからである．以降，行列は行列式が 1 の代表元を取っていると仮定して話を進める．次の三つの写像は $\mathrm{PSL}(2, \mathbb{R})$ の作用で特に重要である．

（1） 拡大縮小：実数 $\lambda > 0$ に対して

$$z \mapsto \lambda z = \frac{\sqrt{\lambda}\, z + 0}{0 z + 1/\sqrt{\lambda}},$$

（2） 平行移動：$b \in \mathbb{R}$ に対して

$$z \mapsto z + b = \frac{z + b}{0 z + 1},$$

（3） 反転：

$$z \mapsto -\frac{1}{z} = \frac{0z-1}{z+0}.$$

最後に付け加えておいた作用に対応する形の式を見て，それぞれ $\mathrm{PSL}(2,\mathbb{R})$ の元と対応していることを確かめてほしい．実は $\mathrm{PSL}(2,\mathbb{R})$ はこれらの元の組み合わせで書ける．

**命題 5.4** $\mathrm{PSL}(2,\mathbb{R})$ は上の拡大縮小，平行移動，反転で生成される．

## 5.2 ● 測地線

測地線は最短距離を実現する道である[4]．ここでは双曲計量における測地線を考える．手始めに点 $\sqrt{-1} \in \mathbb{H}$ と $\lambda\sqrt{-1} \in \mathbb{H}$ を結ぶ測地線を考えよう．もう一度計量の形を見る．$(dx^2+dy^2)/y^2$ である．直感的な説明で申し訳ないが，$dx^2$ についている2乗のおかげで道 $\gamma$ が $x$ 方向に"寄り道"すると，無駄に長くなる．

**命題 5.5** 点 $\sqrt{-1} \in \mathbb{H}$ と点 $\lambda\sqrt{-1} \in \mathbb{H}$ を結ぶ測地線は虚軸の上に乗る．

したがって，双曲計量における測地線として虚軸が取れる．虚軸は「実軸に直交する直線である」．実は，虚軸が測地線になるのと同じ理由で「実軸に直交する直線」は測地線になる．命題5.4を思い出す．（3）の反転で実軸に直交する直線はどう写るだろうか？　反転も虚軸は虚軸に写す．直線 $\{z \in \mathbb{H} \mid \mathrm{Re}(z) = 1\}$ は $-1$ と $0$ で実軸と直交する半円となる．実軸に直交する他の直線も同様に実軸に直交する半円となることがわかる．

詳しくは第11章で説明するが，$\mathbb{H}$ の境界 $\partial\mathbb{H}$ は実軸と無限遠点の和 $\mathbb{R} \cup \{\infty\}$

---

4）光は測地線を辿るといわれる．

$\cong \mathbb{S}^1$（円周）と同一視するのが自然である．$\mathbb{H} \cup \partial \mathbb{H}$ は円盤と同相である．この視点からは，実軸に直交する直線は実軸と $\{\infty\}$ を結ぶ半円とみなせる．そのため，実軸に直交する直線も**実軸に直交する半円**の一つとみなすことにする．すると，生成元のうち(1)と(2)は実軸に直交する半円を実軸に直交する半円に写すことが容易にわかり，次が成り立つ．

**命題 5.6** $\mathrm{PSL}(2, \mathbb{R}) \curvearrowright \mathbb{H}$ は実軸に直交する半円を実軸に直交する半円に写す．

ここで，$\mathrm{PSL}(2, \mathbb{R})$ の元の特徴付けをしておく．

**命題 5.7** 相異なる 3 点 $z_1, z_2, z_3 \in \partial \mathbb{H} \cong \mathbb{S}^1$ と，$\mathbb{S}^1$ 上で同じ順番に並んだ他の相異なる 3 点 $w_1, w_2, w_3 \in \partial \mathbb{H}$ が与えられたとき，$\mathrm{PSL}(2, \mathbb{R})$ の元 $A$ がただ一つ存在し，$A(z_i) = w_i\ (i = 1, 2, 3)$ が成り立つ．

**ざっくりとした証明** $A(z_i) = w_i\ (i = 1, 2, 3)$ は三つの式を与える．加えて関係式 $\det A = 1$ が四つ目の関係式を与え，四つの成分をもつ行列 $A$ をただ一つ決定する． $\square$

命題 5.7 により，任意の 2 点 $x, y \in \mathbb{H}$ は虚軸上に写すことができる．よって次が成り立つ．

**命題 5.8** 双曲平面の上の測地線は端点で実軸に直交する半円（実軸に直交する直線を含む）の一部である．

**証明** $\mathrm{PSL}(2, \mathbb{R})$ の作用は双曲計量を保つので，測地線を測地線へ写す．2 点 $x, y$ を命題 5.7 を用いて虚軸へ写す写像を $A$ とする．$A(x)$ と $A(y)$ を結ぶ測地線は虚軸である．そのため虚軸を $A^{-1}$ で写すと，実軸に直交する半円となり，これが $x$ と $y$ を結ぶただ一つの測地線となる． $\square$

測地線はただ一つに決まるので $x, y \in \mathbb{H}$ を結ぶ測地線分（測地線の，$x$ と $y$ の

間にある点全体）を $[x, y]$ と書く．一点を通る半円を無数に描くことで次が得られる．

**命題 5.9**（無限個の平行線）　与えられた測地線 $\gamma$ と，測地線に乗っていない点 $x$ に対して，$x$ を通り $\gamma$ と交わらない測地線は非可算無限個存在する．

命題 5.9 は双曲平面がユークリッドの平行線の公理をみたさないことを示す．双曲平面は他のユークリッドの公理をみたし，平行線の公理の独立性の証明となる．

以下の事実はどちらかというと，（ユークリッド）初等幾何より従う．

**命題 5.10**　両端点も含めて交わらない二つの測地線 $\alpha, \beta$ に対して，測地線 $\gamma$ で $\alpha, \beta$ の双方と直交するものがただ一つ存在する．

命題 5.10 は初等双曲幾何で "あたりまえ" のように，無意識で使われるような事実である．「実軸に直交する」という条件下では，与えられた交わらない円二つと直交する円がただ一つ存在することから従う．

## 5.3 ● 双曲測地 3 角形

さて，数学においては 3 角形が驚くほど便利である．空間の中に "同一直線上にない" 3 点があれば 3 角形が決まる．3 角形は平面を一つ決める．椅子は足が四つあるからガタガタする．足が三つの椅子は，ガタガタしない（ただ，バランスが崩れたときの補助がなくて危ない，かもしれない）．

**定義 5.11**　双曲平面上の同一測地線上に乗っていない 3 点 $z_1, z_2, z_3 \in \overline{\mathbb{H}}$ に対して，
$$[z_1, z_2] \cup [z_2, z_3] \cup [z_3, z_1]$$
で囲まれる領域を**双曲 3 角形**（hyperbolic triangle）という（後出の図 5.3 参照）．

3 頂点がすべて $\partial\mathbb{H}$ 上にある双曲 3 角形を**理想双曲 3 角形**(ideal hyperbolic triangle)という.

**命題 5.12**　理想双曲 3 角形は等長を法として唯一である.

**証明**　命題 5.7 により，境界上の相異なる 3 点は与えられた相異なる 3 点へ写すことができる．したがって，任意の理想双曲 3 角形は等長写像で写りあう．

$\square$

　双曲 3 角形の面積を計算しておこう．まずは頂点の一つが $\infty$ の場合を考える(図 5.2).

**補題 5.13**　無限遠点 $\infty$ と $a, b \in \mathbb{H}$ からなる双曲 3 角形の面積は
$$\pi - \alpha - \beta$$
である．ここで $\alpha$ は頂点 $a$ の内角，$\beta$ は頂点 $b$ の内角である.

**証明**　図 5.2 より，求める面積は領域
$$D = \{(x_0 + r\cos\theta, y) \mid \beta \le \theta \le \pi - \alpha, \ y \ge r\sin\theta\}$$
で面積要素 $(dxdy)/y^2$ を積分すればよい．したがって面積は
$$\int_\beta^{\pi-\alpha} r\sin\theta \, d\theta \int_{r\sin\theta}^\infty \frac{dy}{y^2}$$
を計算すればよい．

$\square$

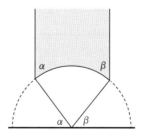

**図 5.2**　頂点の一つが $\infty$ の双曲 3 角形．半円の中心は $x_0$，半径は $r$.

補題 5.13 により，双曲 3 角形の面積は次で与えられる．

**定理 5.14**（ガウス–ボンネの公式） 内角が $\alpha, \beta, \gamma$ である双曲 3 角形（図 5.3）の面積は

$$\pi - \alpha - \beta - \gamma$$

である．とくに $\alpha + \beta + \gamma < \pi$ であり，理想双曲 3 角形の面積は $\pi$ である．

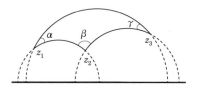

**図 5.3** 双曲 3 角形．

**証明** 図 5.4 と図 5.5 より，3 角形 $\Delta(z_1, z_2, z_3)$ は

$$\Delta(z_1, z_2, z_3) = \Delta(z_1, z_2, \infty) \cup \Delta(\infty, z_2, z_3) \setminus \Delta(z_1, \infty, z_3)$$

で表される．したがって，補題 5.13 より $\Delta(z_1, z_2, z_3)$ の面積は

$$\pi - \alpha' - \beta_1 + \pi - \beta_2 - \gamma' - (\pi - (\alpha' - \alpha) - (\gamma' - \gamma)) = \pi - \alpha - \beta - \gamma$$

である． □

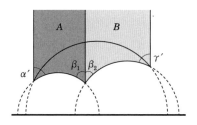

**図 5.4** $A = \Delta(z_1, z_2, \infty)$ と $B = \Delta(\infty, z_2, z_3)$．

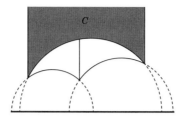

**図 5.5** $C = \varDelta(z_1, \infty, z_3).$

# 5.4●細い3角形

　双曲3角形の内角の和の関係 $\alpha+\beta+\gamma<\pi$ は，双曲3角形の内角はユークリッド平面上の3角形に比べて，角が"尖って"いることを示唆している．この3角形の尖りが，負曲率の特徴を非常によくとらえていること，そしてこれから述べる3角形の細いという性質が擬等長写像（詳細は次章以降）で保たれることがグロモフにより発見され，幾何学的群論は飛躍的な発展を遂げた．

**命題 5.15**（双曲3角形は細い）　3点 $z_1, z_2, z_3$ を頂点としてもつ双曲3角形を考える．このとき，$\delta = \log(\sqrt{2}+1) \approx 0.88137358701\cdots$ とおくと
$$[z_1, z_2] \subset N_\delta([z_2, z_3]) \cup N_\delta([z_3, z_1])$$
をみたす．ここで $N_\delta(\cdot)$ は $\delta$-近傍である．

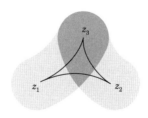

**図 5.6** $[z_1, z_2]$ が近傍の和 $N_\delta([z_2, z_3]) \cup N_\delta([z_3, z_1])$ に含まれている．

**証明**　3角形の辺が残りの辺の近傍に包含されるかを考えている．このとき，各辺が一番"離れて"いるのが理想3角形であることがわかり，理想双曲3角形

について考えれば十分である. 多少飛躍があるが, ともかく理想 3 角形につい
て考えてみよう. 理想 3 角形はすべて等長であったので, 好きな理想 3 角形を
考えて一般性を失わない. ここでは理想双曲 3 角形 $\Delta(0, 1, \infty)$ を考える. 測地
線 $[0, \infty]$ の $\delta$ 近傍が $(1+\sqrt{-1})/2$ を含むことを言えば十分である. 点 $(1+\sqrt{-1})/2$ から $[0, \infty]$ への距離は双曲幾何の公式により

$$\int_{\pi/4}^{\pi/2} \frac{1}{\sin\theta} d\theta$$

で与えられることが知られている(ここでは詳しく説明しないがヒントは図
5.7 である). この積分を計算すると $\delta$ が得られる. □

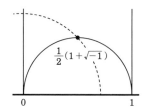

**図 5.7** 点線が測地線 $[0, \infty)$ と $(1+\sqrt{-1})/2$ の距離を与える測地線となる.

## 5.5●双曲曲面

さて, 前章にて, 曲面の話をしながら双曲幾何を予告した. せっかくなので
もう一度最初からさっと復習しよう. 閉曲面の分類定理により, 閉曲面は球面
に貼り付けられたハンドルの数, **種数**(genus)で決定される. 種数が 0 の曲面
は球面である. 球面は曲率がゼロの球面幾何をもつ. 種数 1 の曲面はトーラス
と呼ばれる. トーラスはユークリッド幾何をもつ. なぜか. トーラスは 4 角形
の対辺を貼り合わせて得られる. 正方形を用意して, その対辺をユークリッド
平面の等長写像で貼り合わせる. この貼り合わせのもと, 4 角形の頂点はすべ
て同一視されるが, ここで幸運が一つ. 4 角形の内角の和は $2\pi$ である. だか
ら, 貼り合わせた後の幾何は特異点をもたず, トーラスには綺麗にユークリッ
ド幾何が乗る.

ではもう一つ，ハンドルを加えて種数 2 の曲面を考えるとどうか？　種数 2 の曲面は 8 角形を貼り合わせて得られる．トーラス同様，ユークリッド幾何の等長写像で 8 角形の辺をルールに従って貼り合わせようとすると？　ここでもまた，頂点がすべて同一視されることがわかり，結果としてユークリッド幾何そのままだと頂点のまわりに $6\pi$ の角度が集まる．尖ってしまう．困った．そう思ったときに，そういえば 3 角形の内角の和がユークリッド幾何よりも小さくなる幾何を扱ってきたことを思い出す．双曲平面の 3 角形は内角の和は $\pi$ より真に小さく，理想双曲 3 角形の内角の和はゼロだ．同様にしてすべての頂点が $\partial\mathbb{H}$ 上にある "理想" 測地 8 角形の内角の和はゼロとなる．

　一方で，双曲幾何において "真っ直ぐな直線" である測地線は実軸に直交する半円であった．そのため虚部の値が非常に大きい点を結ぶ測地線は非常に大きな半径をもつ半円の一部になる．半径が十分に大きければ，円の一部はユークリッドの直線とほとんど変わりはない．したがって，非常に "高い" 場所にある 8 角形を考えると，その 8 角形はユークリッド幾何のそれと，ほぼ似た性質をもち，特に内角の和はユークリッド幾何における 8 角形の内角の和にいくらでも近づけることができる．

　そのため理想双曲測地 8 角形を考え，それを連続的に "小さく" していくことで内角の和は $2\pi$ にできる，と言ったらきっと信じてもらえるだろう．そうして得られた 8 角形の辺を双曲幾何の等長写像で貼り合わせる．すると，種数 2 の曲面に綺麗に幾何が落ち，結果として種数 2 の曲面は双曲幾何をもつ．同様に種数が $g \geqq 2$ の曲面は $4g$ 角形の貼り合わせで得られ，双曲幾何をもつ．"例外的" な球面とトーラスをのぞいて，すべての曲面は双曲幾何をもつことがわかった．

　さて，理想双曲 3 角形は一意であった．この事実は，$\mathrm{PSL}(2,\mathbb{R})$ の作用が 3 点で決まることから従った．一方で実は，理想双曲 $4g$ 角形は，多様に変形しうる．興味深いことに，内角の和が $2\pi$ になり，貼り合わせる辺の長さを揃えた $4g$ 角形もまた，多様に変形できる．この変形は，曲面上の幾何の変形を与える．曲面上の幾何の変形空間はモジュライ空間と呼ばれる．そしてモジュライ空間の普遍被覆であるタイヒミュラー空間はさまざまな分野で重要性が認識されている．次章は，このタイヒミュラー空間の次元を "初等双曲幾何" を用い

て数えてみる．タイヒミュラー空間は幾何学的群論に直接の関係性があるとは言いづらい．しかし，初等双曲幾何を眺めることがこの先，グロモフ双曲空間を扱う際に良い“感覚”を授けてくれる，と信じている．

2次元の双曲幾何は変形する．しかし，実は3次元以上の双曲幾何はまったく変形しない．モストフ剛性と呼ばれるこの性質はトポロジーと幾何の相互発展に大いに寄与した．さらにモストフ剛性は，グロモフ双曲性を定義した後に得られるグロモフ境界の理論を用いると，証明の大枠のうち一つ大事な部分が理解できる仕組みになっている．ということで次の節でモストフ剛性の主張といくつかの帰結について述べて，本章の話を締めくくりたい．

## 5.6●モストフ剛性

ここでは3次元の場合に注目して話をしよう．3次元双曲多様体は第4章で紹介した $(G, X)$ 構造の意味では $(\mathrm{Isom}^+(\mathbb{H}^3), \mathbb{H}^3)$ 構造をもつ多様体と言い換えることができる．つまり3次元双曲多様体 $M$ は $\mathrm{Isom}^+(\mathbb{H}^3)$ の離散群 $\Gamma$ で基本群 $\pi_1(M)$ と群として同型なものを用いて $M = \mathbb{H}^3/\Gamma$ と書ける．

**定理 5.16**（モストフ剛性）　3次元閉双曲多様体 $M_1 = \mathbb{H}^3/\Gamma_1$ と $M_2 = \mathbb{H}^3/\Gamma_2$ を考える．このとき $\Gamma_1$ と $\Gamma_2$ が群として同型ならば $M_1$ と $M_2$ は等長である．

これは一見すると驚くべき主張である．論理関係を復習すると
$$\text{等長} \Longrightarrow \text{微分同相} \Longrightarrow \text{同相} \Longrightarrow \text{基本群が同型}$$
である．この一番弱い「基本群が同型」という性質が，一番強く等長性，つまり双曲幾何の一致を導いている．標語的に言うと，「3次元多様体のトポロジーは双曲幾何（あれば）を決定する」．トポロジーは幾何を捨ててカタチの本質に迫る数学である，そんな説明をした後ならば「トポロジー $\Longrightarrow$ 幾何」の主張の驚きが少しは伝わるだろうか．捨てたはずの幾何が完全に復元されるのだ．モストフ剛性により，すべての双曲幾何を通して得られる量はトポロジーの不変量となる．つまり，双曲体積などの幾何学的な量は，幾何を捨てる変形を許すはずの「同相写像」で保たれる．ふにゃふにゃ変形することを許すトポロジー

が，ガチガチに固まった幾何を保つ．「剛性」とはそんな言葉である．モストフ剛性のおかげで，3次元双曲多様体は幾何とトポロジーの両方の手法を用いて研究できる対象になる．トポロジーの柔らかさと，幾何の硬さ．お互いが助け合い大きな発展があった．この二つの関係性は計算機との相性も良く，Snap-Py[5]などのソフトウェアも発展した．

　このような幾何とトポロジーの相乗作用が，双曲幾何に限らず，3次元の幾何に期待できる．サーストンの幾何化予想はそんな展望であった．幾何化予想

5）https://snappy.math.uic.edu/

は3次元多様体論を牽引し，トポロジーを用いて幾何を調べる研究が大きく発展した．このままきっと，幾何化予想も！　そう信じていたトポロジー研究者たちは，ペレルマンの微分幾何や物理的手法を用いた解法に大きな衝撃を受けたのだった．幾何化予想の解決ののちサーストンの提唱した問題集の最後に残った仮想ハーケン予想という問題があった．仮想ハーケン予想の解決に幾何学的群論が大活躍をし，（僕を含め）多くの3次元多様体の研究者が幾何学的群論に研究の足を伸ばしてきた背景がある．

　次章では，タイヒミュラー空間を通して双曲幾何でもう少し遊び，その後いよいよ本格的に幾何学的群論へ歩みを進めていく．

# 第6章
# タイヒミュラー空間
## 双曲幾何の変形空間

> 山路を登りながら，こう考えた．智に働
> けば角が立つ．情に棹させば流される．
> 意地を通せば窮屈だ．とかくに人の世は
> 住みにくい．
>
> （夏目漱石『草枕』冒頭）

　『草枕』を読みながら，こう考えた．曲面を3角形などに分割するとトゲトゲ
してしまう．気分で幾何を乗せると自由度が多すぎる．幾何を一つに止めてし
まうと視野が狭まり本質を見損なう．ところが，曲面上で「双曲幾何」だけを
考えると，変形の空間は程よい自由度と視野をもち世界がとても豊かになる．
え？ もしかして数学の世界は住みやすい!?

　幾何学的群論の本で，タイヒミュラー空間を扱います！ そう言ったならば，
詳しい人は思うだろう，「なんで？」．もちろん，低次元トポロジーと幾何学的
群論のより深い関係性の議論をするならばタイヒミュラー空間の重要性は専門
家なら納得するはずだ．しかし，幾何学的群論の入門的な解説に向くトピック
として，賛同を無条件で得るのは難しいかもしれない．

　僕がタイヒミュラー空間を選んだ理由は二つ．一つは，タイヒミュラー空間
の次元を数えるのに，初等双曲幾何が活躍の場を得ること．グロモフ双曲空間
において直接応用のある議論ではないが，初等双曲幾何にふれることは"直感"
を養うのに大切であると思っている．双曲5角形をはじめとして，双曲多角形

や，パンツ[1] と呼ばれる曲面の理解に初等双曲幾何が活躍する．閉曲面のパンツ分解[2] とその幾何を理解すると，タイヒミュラー空間の次元がわかる．その様子を紹介することで，初等双曲幾何で遊んでもらうのが今回の目標の一つだ．僕はランディ・パウシュ（バーチャルリアリティ研究者）さんの「最後の授業」という動画がとても好きなのだが，そこで繰り返される彼の教育哲学「何かを学ばせる際には，別の目的をもつ遊びをさせる」が達成できればよいなと思っている．この哲学を彼自身は「Head fake」と呼んでいる．スポーツで基礎の繰り返しの大切さを，ゲームを作ることでプログラミングを学ばせるような教育方法だ．タイヒミュラー空間で遊ぶことで，初等双曲幾何に馴染んでほしい．

　タイヒミュラー空間を扱うもう一つの理由は，モジュライ空間との関連にある．タイヒミュラー空間はモジュライ空間の普遍被覆であり，モジュライ空間を普遍被覆への群作用で理解する試みとも思える．次節で述べるマーキングの考え方は，幾何構造の空間としてのモジュライ空間を自然に"展開"する．幾何学的群論とは直接の関連はないが，まずはマーキング，"しるし"をつけることで，構造の空間が展開されることを，3角形の相似形のモジュライ空間とタイヒミュラー空間を眺めて理解しよう．普遍被覆が，しるしをつけるという自然な方法で理解できると，群作用で全体像を理解しようとする試みにも馴染みが湧くはずだ．

# 6.1 ● マーキング

　ユークリッド平面上の3角形の相似について考える．一応思い出しておくと，二つの3角形は，回転，平行移動と拡大縮小で移りあうとき，相似であるという．話の都合上，鏡像は相似でないことにさせていただく．"3角形全体"を相似という関係を法として考える．3角形の相似類はどれくらいあるだろうか？与えられたどんな3角形も回転，平行移動と拡大縮小で頂点のうち二つが0と

---

1）おしゃれな人がズボンのことをパンツというが如く，ここでのパンツは下着の意味ではない，たぶん．
2）繰り返すがエロい意図はない．

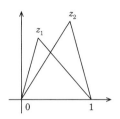

図 6.1 相似な 3 角形.

1 になり，残りの頂点が平面の上半分，上半空間に乗るように移すことができる．したがって上半平面 $\mathbb{H}$ を複素平面 $\mathbb{C}$ の一部と考えると

$$\{z \in \mathbb{C} \mid \mathrm{Im}(z) > 0\}$$

の元 $z$ が与えられるごとに 3 角形の相似類が一つ決まる．点 $z$ が動くと，対応する 3 角形が変形していく．このような空間を **変形空間** という．さて，点 $z$ と 3 角形の対応は 3 角形の相似類を特徴付けているだろうか？ 残念ながら，この対応は 1 対 1 ではない．例えば，同じ 3 角形が図 6.1 のように現れる．3 角形 $\Delta(0, 1, z_2)$ を回転させて少し縮小すれば，$z_2 \mapsto 1,\ 1 \mapsto 0,\ 0 \mapsto z_1$ とできる．

　この対応を丁寧に追いかけてみよう．まず，3 角形 $\Delta(0, 1, z_1)$ を $-1$ 平行移動すると 3 角形 $\Delta(-1, 0, z_2 - 1)$ が得られる．複素数の演算は "拡大縮小と回転" であったことを思い出すと 3 角形 $\Delta(-1, 0, z_2 - 1)$ を $1/(z_2 - 1)$ 倍すると 3 角形 $\Delta(1/(1 - z_2), 0, 1)$ が得られる．そうして $z_1 = 1/(1 - z_2)$ という対応が得られる．逆方向の回転も同様にして考えると（ぜひ挑戦してみてほしい）

$$z \mapsto 1 - \frac{1}{z}$$

$$z \mapsto \frac{1}{1 - z}$$

の対応で移り合う 3 角形はいつでも相似な 3 角形を与えることがわかる（ちなみに，日本語で読むと，両方「1 ひく $z$ ぶんの 1」でとても困る）．だから，「相似類全体」を考える際には，「1 ひく $z$ ぶんの 1」[3] の作用で上半平面を割らない

---

3）はじめて便利と感じた！

といけない．ああ，めんどくさい．同じことを思ったかもしれないタイヒミュラーさんのアイデアは，3角形に“しるし”をつけることだった．どういうことか．「1ひく$z$ぶんの1」による作用は，3角形を回転させる．そこで，3角形の頂点に色をつけてみる．そして，相似関係を回転，平行移動，拡大縮小で**色も含めて移り合う関係**と考える．すると，「1ひく$z$ぶんの1」によって移り合う相似だった3角形は頂点の色を入れ替えてしまうため，**頂点の色を含めて相似**ではなくなる．次の命題は，詳しくは説明しないが少し考えてみると感覚がつかめるのでオススメである．

**命題 6.1** 3角形の頂点の色を含めた相似類は上半平面と1対1対応がある．

　つまり，頂点に色をつけることで，“相似類の変形空間”は上半平面へ展開される．この空間をタイヒミュラー空間という．「1ひく$z$ぶんの1」の作用で上半平面の商空間を考えると，3角形の頂点の（色を忘れた）相似類の変形空間が得られる．こちらの空間をモジュライ空間という．

　3角形の相似類でみたこの対応は，曲面の幾何構造に対しても同様に考えることができ，モジュライ空間，タイヒミュラー空間は曲面の幾何構造の空間に対して考えられる．歴史的には先にモジュライ空間がリーマンによって調べられ，その流れの中，タイヒミュラーが“しるし付き”の幾何構造の変形空間を考え，今ではその空間がタイヒミュラー空間と呼ばれている．本章では双曲幾何を考えたいので，種数が2以上の閉曲面$\Sigma$を考えよう．モジュライ空間$\mathcal{M}(\Sigma)$は

$$\mathcal{M}(\Sigma) := \{\Sigma \text{と同相で双曲幾何をもつ曲面}\}/\text{homotopy}$$

として定義される．ここで/homotopyは双曲幾何をホモトピーで“多少変形”させたものは同じものとみなすという意味である．不慣れな人はあまり気にしなくても，先の理解には影響がないはずだ．

　さて，モジュライ空間は実際に調べてみると多様体にはならず**軌道体**(orbifold)と呼ばれ，特異点をもつ．3角形の相似類のときと同様に$\Sigma$に“しるし”をつけて，この特異点を解消したい．3角形の相似類の際には頂点に色をつければよかったが，曲面の場合はどうすればよいか？　二つの同相な曲面の点を

指差して，この二つの点が対応しているよ！と宣言できる方法があれば嬉しい．
タイヒミュラーさんは"しるし"として，一つの曲面$S$を固定して，同相写像
$$f \colon S \to \Sigma$$
を考えればよいことに気づいた．$\Sigma$が双曲幾何をもつとき，組$(\Sigma, f \colon S \to \Sigma)$
をしるし付き双曲曲面と呼ぶ．しるしをつけることを英語でマーキング
（marking）という．**タイヒミュラー空間**$\mathcal{T}(S)$は次のように定義される．

$$\{(\Sigma, f \colon S \to \Sigma) \mid f \text{ は同相写像,}\ \Sigma \text{ は双曲幾何をもつ曲面}\}/\sim_{\mathcal{T}}$$

ここで二つのしるし付き双曲曲面
$$(\Sigma_1, f_1 \colon S \to \Sigma_1) \quad \text{と} \quad (\Sigma_2, f_2 \colon S \to \Sigma_2)$$
は図式

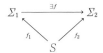

をホモトピックの意味で可換にする等長写像$f \colon \Sigma_1 \to \Sigma_2$が存在する，すなわ
ち$f$と$f_2 \circ f_1^{-1}$を結ぶホモトピーが存在するとき，**タイヒミュラー同値**である
といい

$$(\Sigma_1, f_1 \colon S \to \Sigma_1) \sim_{\mathcal{T}} (\Sigma_2, f_2 \colon S \to \Sigma_2)$$

とかく（このあたり無理してついてくる必要はない）．

さてさて．このタイヒミュラー空間の次元を数えるのに，初等双曲幾何を使

う方法がある．ということで，初等双曲幾何で遊ぶのだ．ひとつ，今回は「(端点も含めて)交わらない二つの測地線に対して両方に直交する測地線が存在する」という事実(5章の命題5.10)を"あたりまえ"として，特に断りなく使用する．あたりまえだと感じていただきたいのである．

## 6.2●双曲直角多角形

双曲直角5角形は各辺が測地線であり，すべての頂点の内角が直角，$\pi/2$ になっている5角形である(図6.2)．ここで $a, b, d$ は各辺の長さを表すとする．このとき $a, b, d$ の間にはキレイな関係式がある．

**補題 6.2** 双曲直角5角形に対して

$$\sinh a \cdot \sinh b = \cosh d$$

が成り立つ．

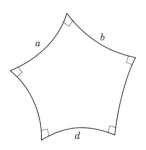

**図 6.2** 双曲直角5角形．

**証明** 図6.3は双曲直角5角形を上半平面に描いた絵である．虚軸上の点 $\sqrt{-1}$ からはじめ，虚軸上に長さ $a$ 進んだ点と，$\sqrt{-1}$ を通り虚軸に直交する測地線の上に長さ $b$ 進む点が決まる．それらの点から出発し，対応する測地線に直交する測地線もただ一つに決まり，2本の測地線が得られる．すると，最後の $d$ に対応する測地線は得られた2本双方に直交する測地線として決まる．あとは，がんばって計算すれば $\sinh a \cdot \sinh b = \cosh d$ が得られる(計算の詳細

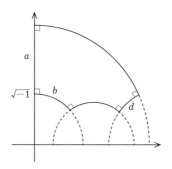

図 6.3　作り方.

は [1] などに放り投げます，すみません）.　　　　　　　　　　□

　ざっくりとした議論であるが，双曲直角 5 角形は，連続する 2 辺の長さがわかるとすべての幾何が定まることがわかった. タイヒミュラー空間を先と同様に，頂点に色をつけた変形空間と考えると，次がわかる.

**命題 6.3**　双曲直角 5 角形のモジュライ空間は 2 次元[4]の空間であり，タイヒミュラー空間 $\mathcal{T}_5$ は $\mathbb{R}_{>0} \times \mathbb{R}_{>0}$ と 1 対 1 対応がある.

**証明**　図 6.3 と補題 6.2 の証明によりタイヒミュラー空間 $\mathcal{T}_5$ は $a, b, d$ のうち二つを選ぶことによりパラメータ付けできる.　　　　　　　　□

　さて，次の双曲直角 6 角形（図 6.4）が双曲閉曲面の理論において驚くほど有用である.

**補題 6.4**　双曲直角 6 角形の幾何は連続しない三つの辺の長さ（図 6.4 の $a_1, a_2,$ $a_3$）で決まる.

---

4 ）ここでの次元は与えられた点を決めるのに必要な変数の個数である.

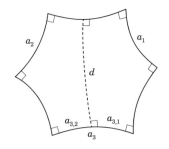

**図 6.4** 双曲直角 6 角形と直交測地線.

**証明** 図 6.4 の $d$ を考える. これは $a_3$ とその対辺を結ぶ直交測地線である. 補題 6.2 により

$$\cosh a_1 = \sinh a_{3,1} \cdot \sinh d, \qquad (1)$$

$$\cosh a_2 = \sinh a_{3,2} \cdot \sinh d \qquad (2)$$

がわかる. つまり, 双曲直角 6 角形の幾何は $a_1, a_2, d$ で決まる. ここで $a_1, a_2$ を固定しよう. このとき $a_3$ が $d$ の狭義単調減少関数として定まることがわかれば, 定理の主張が言える. ここで定義域を $\mathbb{R}_{\geqq 0}$ に限定すれば, $\cosh, \sinh$ は狭義単調増加関数であることに注意する. 式 (1), (2) により, $a_1, a_2$ を固定しているので $\sinh a_{3,1}, \sinh a_{3,2}$ が $d$ の狭義単調減少関数となり, したがって $a_{3,1}, a_{3,2}$ は $d$ の狭義単調減少関数である. 以上より $a_3 = a_{3,1} + a_{3,2}$ は $d$ の狭義単調減少関数となり, 証明が終わる. $\qquad \square$

 補題 6.4 より次がわかる. 双曲直角 6 角形のタイヒミュラー空間を $\mathcal{T}_6$ とする.

**命題 6.5** 双曲直角 6 角形のモジュライ空間は 3 次元であり, タイヒミュラー空間 $\mathcal{T}_6$ は $\mathbb{R}^3_{>0}$ と 1 対 1 対応がある.

 補題 6.4 の証明をみると, $n \geqq 5$ に対して双曲直角 $n$ 角形のタイヒミュラー空間 $\mathcal{T}_n$ の次元が数えられる.

**命題 6.6** 双曲直角 $n$ 角形のモジュライ空間の次元は $n-3$ であり，タイヒミュラー空間 $\mathcal{T}_n$ は $\mathbb{R}_{>0}^{n-3}$ と 1 対 1 対応がある.

**証明** 図 6.5 を見て，あとは命題 6.3 を繰り返し用いればよい. □

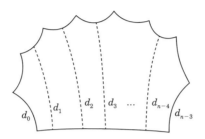

図 6.5 双曲直角多角形，すべての角は直角. $d_i$ も両端点で直交.

## 6.3 ● パンツ分解

さあ，パンツの話をしよう.

**定義 6.7** 三つの穴が開いた曲面を**パンツ**(a pair of pants)という(図 6.6). パンツの境界を**袖口**(cuff)という.

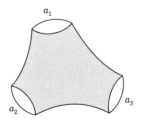

図 6.6 パンツ.

**注意 6.8** 英語だと "a pair of pants" となるのは，単に英語はそういうものだからである. メガネは "a pair of glasses"，ハサミは "a pair of scissors". 日本語的

感覚ではペアではない.

　向き付け可能な閉曲面は，その上にいくつか曲線を描くことで，補空間のすべての成分がパンツになるようにできる（図 6.7）．これを**パンツ分解**（pants decomposition）という．パンツ**を**分解するのではなく，パンツ**に**分解する.

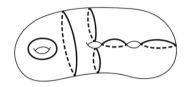

**図 6.7**　パンツ分解.

　パンツ分解は無限通り存在する．**パンツ複体**と呼ばれるパンツ分解の空間は低次元のトポロジーでさまざまな活躍の場を得ている．タイヒミュラー空間へ「ヴェイユ–ピーターソン計量」という計量で幾何をいれたものと擬等長（本書の主題の概念，そろそろ登場する）になったり，さらには 3 次元の双曲多様体の双曲体積と密接な関係が知られている．決してふざけてパンツパンツ言っているわけではない.

　さて，タイヒミュラー空間の話を思い出そう．閉曲面のパンツ分解を固定するにはどうすればよいか？　タイヒミュラー空間の元には"しるし"として同相写像 $f: S \to \Sigma$ がついていた．そして，$S$ は一つこれと決めていたので，その上にパンツ分解を一つ定めることで，タイヒミュラー空間の元として得られる閉曲面の上にパンツ分解を一つ標準的に定めることができる.

　ということで，パンツの双曲幾何がわかればタイヒミュラー空間の元として与えられるしるし付き閉曲面の双曲幾何がわかる，気がしてきてくれれば嬉しい.

**命題 6.9**　パンツの双曲幾何は袖口の長さ $a_1, a_2, a_3$ で決まる.

**証明**　パンツが双曲幾何をもつとする．パンツの双曲幾何を考える際は，袖口も測地線となることとする．図 6.8 のように袖口に直交する測地線でパンツを分解することができる（パンツ分解じゃないよ）．これは，交わらない測地線をむすぶ直交測地線の存在から従う．これらの測地線が自己交叉も含めて交点をもたないことは，証明が必要な事実だがここでは認めることにする．すると，直交測地線，袖口を順に辿る双曲直角 6 角形が得られる．ここで対称性（補題 6.4 を直交測地線の長さの方に適用する）により，直交測地線は袖口をちょうど半分に切り分けることがわかる．したがって補題 6.4 により，袖口の長さがわかっていれば，切り分けた後の双曲直角 6 角形の幾何が決まる．それらを二つ貼り合わせることで，パンツの双曲幾何は得られるため，袖口の長さはパンツの双曲幾何を決定する．　　　　　　　　　　　　　　　　　　　　□

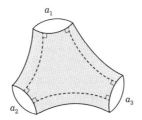

**図 6.8**　パンツを分解（あれ）.

　パンツの幾何が袖口の長さで決まることがわかった．

**命題 6.10**　パンツ $\Sigma_{0,3}$ のモジュライ空間は 3 次元であり，タイヒミュラー空間 $\mathcal{T}(\Sigma_{0,3})$ は $\mathbb{R}^3_{>0}$ と 1 対 1 対応がある．

　ようやく閉曲面の双曲幾何の話をする準備ができた．図 6.7 のように閉曲面の上に閉曲線を描くことで閉曲面をパンツに分解することができる．

**命題 6.11**　種数 $g$ の閉曲面は $3g-3$ 個の互いに交わらない閉曲線でパンツに分解される．

**証明** 組合せ的にも，知っている人はオイラー数を数えても証明できる． □

　曲面に双曲幾何を乗せると次の事実が成り立つ．

**命題 6.12** $\Sigma$ を双曲幾何をもつ閉曲面とする．さらに，閉曲線 $\gamma$ は 1 点にホモトピックではないとする．このとき，$\gamma$ はある測地閉曲線とホモトピックであり，そのような測地閉曲線はただ一つである．

　証明は双曲幾何の標準的な本 [2] などに譲るが，気分は図 6.9 である．ピンッと曲線を引っ張ればよい．命題 6.12 により，パンツ分解を与える曲線は測地線としてよい．これらの測地線が互いに交点をもたないことは，双曲幾何における測地線の性質により従うが，ここでは認める．測地線で切り開くことにより，双曲閉曲面をパンツに分解すると双曲幾何をもつパンツが得られ，その幾何は袖口となる曲線の長さで決まる．したがって，測地線の長さが決まれば，切った後のパンツの幾何が決まる．よって，タイヒミュラー空間の次元は命題 6.11 より $3g-3$ である！！ と言えればよかったがそうは問屋がおろさない．パンツの双曲幾何が決まったあと，曲面を得る際に袖口どうしを貼り合わせる必要がある．貼り合わせの際に"ねじる"ことができ，結果として各袖口ごとに $\mathbb{R}$ の自由度（正または負の方向にねじる）がある．これらを加味することで，すべての幾何の可能性が網羅され，次がわかる．

図 6.9　曲線を"引っ張る"．

**定理 6.13** 種数 $g \geqq 2$ の閉曲面の双曲幾何のモジュライ空間の次元は $6g-6$ であり，タイヒミュラー空間は $\mathbb{R}_{>0}^{3g-3} \times \mathbb{R}^{3g-3}$ と 1 対 1 対応がある．ここで初めの $\mathbb{R}_{>0}^{3g-3}$ は袖口の長さに，$\mathbb{R}^{3g-3}$ は"ねじれ"に対応する．

上の対応はタイヒミュラー空間を $\mathbb{R}_{>0}^{3g-3}\times\mathbb{R}^{3g-3}$ でパラメータ付けしている．このパラメータによるタイヒミュラー空間の座標を**フェンチェル–ニールセン座標**という．本章では，タイヒミュラー空間に位相を導入することはしなかったが，このフェンチェル–ニールセン座標は同相写像となる．逆にいうと，フェンチェル–ニールセン座標によるパラメータ付けが同相になるよう，$\mathbb{R}_{>0}^{3g-3}\times\mathbb{R}^{3g-3}$ の位相でタイヒミュラー空間の位相を定義することができる．この位相は，タイヒミュラー空間に導入されるさまざまな自然な位相と一致する．例えば

- 双曲構造の変形空間としての位相
- 複素構造の変形空間としての位相
- 閉曲線の双曲長さから定まる位相

などがあり，さまざまな方面から得られる位相が一致している．一つの概念に多様な特徴付けがあると，その概念が豊かになる．

　ここで，タイヒミュラー空間に関する日本語の書籍[3]を紹介しておく．かなり専門的な内容まで踏み込んでおり，日本国内のタイヒミュラー理論研究者なら誰もがもっている本である．英訳もあり，海外でも広く読まれている本でもある．こんな本が母国語で読める環境は，英語を除けば世界でも珍しい．『タイヒミュラー空間論』の著者の方々には，心から感謝したい．

　タイヒミュラー空間にはさまざまな視点からの特徴付けがある．そのため，さまざまな数学が交差する楽しい遊び場となっている．2次元の双曲幾何の変形空間であるが，3次元双曲幾何との豊かな相互作用もある．話し出すと，いつまでも話せてしまう．本書は幾何学的群論を主に扱う．名残惜しいが，タイヒミュラー空間で遊ぶのはここでおしまいにして，ここまで見てきた初等双曲幾何を群の世界に放り込んでみる．たくさん情報は失われるが，生き残る"本質"がある．

　次章，群のケーリーグラフ．群に幾何を入れるための空間を用意する．ケーリーグラフに双曲幾何を入れれば，ぐんと幾何学的群論の匂いがしてくる．ちなみに，ぴったり40回，「パンツ」と書きました(あ，41回目)．

**参考文献** ————————————————————————————————————

［1］ Peter Buser, *Geometry and Spectra of Compact Riemann Surfaces*, Springer, 2010.

［2］ Riccardo Benedetti, and Carlo Petronio, *Lectures on hyperbolic geometry*, Springer, 1992.

［3］ 今吉洋一，谷口雅彦著『タイヒミュラー空間論［新版］』日本評論社，2004 年.

# 第 **7** 章
# 群と表示とケーリーグラフ
## 点と点をつなぐ

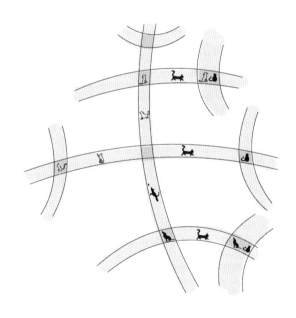

　登場人物多めのタイトルとなっているが，みんな仲良しである．群の中で特に，"空間に由来のある"群である基本群は，空間の被覆空間に作用していることを2章や3章で観察した．そして4章で $(G, X)$ 幾何などをみて，被覆空間にはしばしばとても良い幾何が乗ることをみた．5章において $(G, X)$ 幾何として得られる幾何のうち，特に重要な双曲幾何を紹介し，6章ではタイヒミュラー空間を通して双曲幾何と親しんだ．普遍被覆空間の幾何はもとの空間の幾

何ともみなせるし，実は"基本群の幾何"ともみなせる．基本群は，空間を通して定義される群であったので，幾何を乗せる場所が明確であった．これから足を踏み入れたい「幾何学的群論」では"良い幾何"をもつ空間へ群を作用させて，群を調べる．基本群，普遍被覆，幾何構造の話をしてきたのは，幾何学的群論の思考の源泉を知るためだ．ここから，より一般の群について考える．空間などとは独立に群が与えられたとき，その群が作用する空間を考えたい．

さて，「群が与えられる」とは？　もちろん，何かしらの"数学的なもの"を見つけて，その対称性といってしまうのが一つの方法だ．けれど，僕らはいま，他の何かに紐づけられた群ではなく，なんとか"群そのもの"を考えたい．本章では群そのものを与える手法として，「群の生成系」や「群の表示」について学ぶ．群を代数的な対象とみなし，代数としての性質を用いて表示する．すると，幾何や空間とは直接の関係がない群が得られる．そうして得られた群の幾何を考えたい．至極簡単な例だと

$$\mathbb{Z} \cong \langle a \rangle := \{a^n \mid n \in \mathbb{Z}\}$$

がある．これは $\mathbb{Z}$ が $a$（単に文字としてみている）一つで生成される群であることを表している．細かいことはこれからみていくが，$\langle a \rangle$ のようにして与えられた群の"幾何"を調べたい．

$\mathbb{Z} = \{\cdots, -2, -1, 0, 1, 2, 3, \cdots\}$ を眺めてみる．少々困ったことに，バラバラである．「整数」という飛び飛びの点だけによる集合が $\mathbb{Z}$ だ．幾何を考えるために，群にもう少し豊かな空間をあてがいたい．そう思うと，$\mathbb{Z}$ の場合は $\mathbb{Z} \subset \mathbb{R}$ であることに思い当たる．数直線 $\mathbb{R}$ の上に乗っていると思うと $\mathbb{Z}$ を幾何学的対象とみることができそうな感じがする．見方を変えると $\mathbb{R}$ は $\mathbb{Z}$ の各点を線でつないでいる．群の各元を点とみなし，線でつないでいくことは一般の群でもできそうだ．あとは"どの点とどの点を結ぶか"である．$\mathbb{Z} \subset \mathbb{R}$ の場合は差が 1 となる点と点が結ばれている．差が 1 というのは $\mathbb{Z} \cong \langle a \rangle$ でいうと，$a$ で関係付けられている，と捉えられる．この発想で得られるのがケーリーグラフ（Cayley Graph）である．

ケーリーグラフを作るのに，群の生成系や表示の話が必要で，群の生成系や表示の話に，「自由群」と呼ばれる群を理解する必要がある．自由群は一見簡単にみえるが，よくよく性質を調べると注意が必要である．自由を得るのもなか

なかに大変なのだ．ということで，まずは自由群の基本的な性質を眺めることから始める．

## 7.1 ● 自由群

自由群はさまざまな定義がある．次の普遍性を用いた定義は一見とっつきにくいが，応用上で便利である．

**定義 7.1** $S$ を集合とし，群 $F$ は $S$ を包含するとする．群 $F$ が $S$ で**自由生成される**(freely generated)とは，次を満たすことをいう．$G$ を任意の群とし，$\varphi\colon S \to G$ を写像とする．このとき $\varphi$ を拡張する準同型写像 $\bar{\varphi}\colon F \to G$，すなわち

$$
\begin{array}{ccc}
S & \xrightarrow{\ \varphi\ } & G \\
\downarrow & \nearrow{\scriptstyle \exists!\bar{\varphi}} & \\
F & &
\end{array}
$$

を可換にする $\bar{\varphi}$ が必ずただ一つ存在する．$F$ がある部分集合で自由生成されるとき，$F$ を**自由群**という．

$S$ で自由生成される群は存在すれば群同型を法として一意であることがわかる．これは 3 章でふれた「普遍被覆が同型を除いて一意であることを普遍性で示す」議論とまったく同様の議論で証明することができる．厳密な証明は与えないが次の定理を理解したい．

**定理 7.2** $S$ を集合とする．このとき $S$ で自由生成される群 $F$ が存在する．

自由群の構成方法はいくつか知られている．ここでは，

- 語の同値類による構成
- 既約な語による構成
- 基本群としての構成

を紹介する．一つ一つの構成方法は，自由群の性質をみる際に向き不向きがある．本稿では美味しいとこどりをし，それぞれの構成方法から簡単にわかる性質のみを観察していく．6章のタイヒミュラー空間しかり，一つの概念にさまざまな方面からの解釈があることは，しばしばその概念を豊かにする．

**定義 7.3**（語の同値類による自由群の定義）　集合 $S$（この $S$ は $\underline{S}$hugou（集合），$\underline{S}$eiseigen（生成元），$\underline{S}$et のいずれの意味でもとれる）に対して
$$S^{-1} := \{s^{-1} \mid s \in S\}$$
とする．ここで $\mathbb{N}_0 := \mathbb{N} \cup \{0\}$ とする．

$$(S \cup S^{-1})^* := \bigsqcup_{n \in \mathbb{N}_0} (S \cup S^{-1})^n$$

は $S$ と $S^{-1}$ の元による有限列の集合である．$(S \cup S^{-1})^*$ の元を $S$ 上の**語**（word）という．ここで長さ $0$ の語（空の語）は $\emptyset$ と表す．$(S \cup S^{-1})^*$ に次の同値関係を入れる：各 $s_i \in (S \cup S^{-1})^*$ に対し，$s_i s_i^{-1} \sim s_i^{-1} s_i \sim \emptyset$ と定める．つまり上の関係を有限回用いて $x$ から $y$ へ変形できるとき $x \sim y$ と定めれば同値関係になる．$F_S := (S \cup S^{-1})^*/\sim$ とする．

$F_S$ の上には語の合成を用いて積が入ることをみよう．まず，$x \in (S \cup S^{-1})^*$ に対応する $F_S$ の元を $[x]$ と書くことにする．このとき $x, y \in (S \cup S^{-1})^*$ から得られる $[x], [y] \in F_S$ に対して
$$[x] \cdot [y] = [x \cdot y] \tag{1}$$
と定める．

**命題 7.4**　$F_S$ は(1)の演算を用いて群となる．

**証明**　群であることを示すには，単位元と逆元の存在，そして結合律を調べればよい．単位元は空の語の同値類 $[\emptyset]$ である．また $s \in S$ に対して，$s \cdot s^{-1} = \emptyset$ であるので $[s]^{-1} = [s^{-1}]$，$[s^{-1}]^{-1} = [s]$ となることに注意する．与えられた語 $w = w_1 \cdots w_n$ $(w_i \in S \cup S^{-1})$ に対して
$$[\overline{w}] := [w_n]^{-1} \cdot [w_{n-1}]^{-1} \cdots [w_1]^{-1}$$

とすると $[w][\overline{w}] = [\overline{w}][w] = [\emptyset]$ となり $[w]$ の逆元を与える.

語の同値類による定義は,結合律(associative)がほぼ自明であるという利点がある.すなわち,語の同値類 $[x], [y], [z]$ に対して

$$([x] \cdot [y]) \cdot [z] = [x] \cdot ([y] \cdot [z]) = [xyz]$$

が成り立つ.したがって $F_S$ は群となる. $\quad\square$

**例 7.5**　さて,一番簡単な場合として $S$ が一つの元 $a$ からなる場合を考える.すると $a$ と $a^{-1}$ が打ち消し合うので $(S \cup S^{-1})^*$ は $a^n$ $(n \in \mathbb{Z})$ の形をした元で各同値類が代表される.したがって $S = \{a\}$ のとき,$F_S = \mathbb{Z}$ となる.$F_S$ が自由群となることを認めると,$\mathbb{Z}$ は自由群の一つの例であることがわかる.

本書では $F_S$ が自由群であることの証明はせず,自由群の例としては以下の既約な語による構成を用いる.

**定義 7.6**(既約な語による定義)　$S$ 上の語 $w = w_1 \cdots w_n \in (S \cup S^{-1})^*$ が**既約**(reduced)であるとは,任意の $1 \leqq i \leqq n-1$ に対して,$w_{i+1} \neq w_i^{-1}$ であることをいう.ここで $s^{-1} \in S^{-1}$ に対して $(s^{-1})^{-1} := s$ と定めている.$F_{\mathrm{red}}(S)$ を $S$ 上の既約な語(reduced word)の集合とする.既約な語 $w = w_1 \cdots w_n$,$w' = w_{n+1} \cdots w_m$ に対して積 $w \cdot w'$ を次のように定める.

$$w \cdot w' := w_1 \cdots w_{n-r} w_{n+r+1} w_{n+r+2} \cdots w_m,$$

ここで

$$r := \max\{i \mid (w_{n-j})^{-1} = w_{n+j+1}, \ 0 \leqq \forall j \leqq i-1\}$$

である.簡単にいうと,$\omega$ と $\omega' (\neq \omega)$ を並べて,打ち消し合うだけすべての $s \cdot s^{-1}$ のペアを消している.定義の仕方により $w \cdot w' \in F_{\mathrm{red}}(S)$ である.

**命題 7.7**　$F_{\mathrm{red}}(S)$ は定義 6 の積で群になる.

**証明**　単位元,逆元は命題 7.4 と同様にして得られる.結合律は,正直にいうと面倒である.定義 7.6 の積の定義における $r$ について丁寧な場合分けをすることで得られる.詳細は読者に任せることにする. $\quad\square$

定理 7.2 を証明するには次の定理を示せばよい.

**定理 7.8**　$F_{\mathrm{red}}(S)$ は $S$ で自由生成される自由群である.

**証明**　定義に従って確かめる. $G$ を群として $\varphi\colon S \to G$ を写像とする. このとき $\overline{\varphi}\colon F_{\mathrm{red}}(S) \to G$ を各 $s \in S$ に対して $\overline{\varphi}(s) := \varphi(s)$, $\overline{\varphi}(s^{-1}) := \varphi(s)^{-1}$ と定める.

　一般の既約な語 $w = w_1 \cdots w_n$ に対しては $\overline{\varphi}(w) := \overline{\varphi}(w_1) \cdots \overline{\varphi}(w_n)$ と定義する. すると, 既約な語の定義から $\overline{\varphi}$ は準同型写像になる. さらに $\overline{\varphi}$ は $S$ の行き先で定義しているため, $\varphi$ を拡張する写像として一意である.　　　　□

　既約な語による自由群の構成は次のように, $F_S$ の標準的な表現を与える. 次の系は $F_S$ が自由群であると認めると即座に従う.

**系 7.9**　集合 $S$ に対して定義された群
$$F_S = (S \cup S^{-1})^* / \sim$$
は $F_{\mathrm{red}}(S)$ と 1 対 1 対応がある.

　最後に自由群を基本群としてもつ空間について述べる.

**定義 7.10**　まず $\mathbb{S}^1$ 上の起点 $x_0$ を固定する. $\mathbb{S}^1$ のコピーを $n$ 個用意して, 起点 $x_0$ で貼り合わせた空間を $V_n := \mathbb{S}^1 \vee \mathbb{S}^1 \vee \cdots \vee \mathbb{S}^1$ と書く(図 7.1).

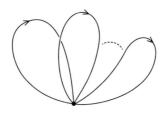

**図 7.1**　ループを一点で束ねる.

**定理 7.11**　基本群 $\pi_1(V_n, x_0)$ は $F_{\mathrm{red}}(\{s_1, \cdots, s_n\})$ と同型である.

　証明はしないが，$a_i \in S$ となる語 $a_1 \cdots a_k$ に対応する基本群の元は，各 $a_i$ のラベルがついたループをつなぎ合わせたものである(参考文献[1]参照).

## 7.2●有限生成群, 有限表示群

　実をいうと「群の生成系」理解するために，自由群を導入した.

**定義 7.12**　$G$ を群，$S \subset G$ を部分集合とする．$S$ を含む最小の部分群のことを **$S$ で生成される部分群**(subgroup generated by $S$)といい，$\langle S \rangle_G$ と書く．$\langle S \rangle_G = G$ のとき，**$S$ は $G$ を生成する**($S$ generates $G$)といい，$S$ を**生成系**(generating system)という．群 $G$ は有限個の元からなる生成系をもつとき，**有限生成**(finitely generated)という.

　部分群 $\langle S \rangle_G$ は
$$\langle S \rangle_G = \bigcap \{H < G \mid S \subset H\}$$
と書ける．思い出しておくと $H < G$ は「$H$ は $G$ の部分群」という意味だ．混乱が生じないときは $\langle S \rangle_G$ を単に $\langle S \rangle$ と書く.

**例 7.13**
- $G$ 全体は $G$ の生成系である．つまり $\langle G \rangle_G = G$ である.
- $\mathbb{Z}$ の生成系としては $\{1\}$ や $\{2,3\}$ がとれる.

　自由群の生成系に関しては次がわかる.

**命題 7.14**　$F$ を自由群とし，$S$ をその自由生成系とする．このとき $S' \subset F$ が $F$ を生成するならば $|S| \leq |S'|$ が成り立つ．特に，$F$ の自由生成系の濃度は自由生成系のとり方によらない.

命題 7.14 の証明は省略するが，自由生成系の濃度が一意に決まるので次の定義ができる（参考文献[2]参照）．

**定義 7.15** $F$ の自由生成系の濃度を $F$ の**階数**(rank)という．階数が $n \in \mathbb{N}$ の自由群をしばしば $F_n$ と書く．

有限生成群を自由群からの写像の言葉で特徴付けよう．

**定義 7.16** 群 $G$ は，ある有限集合で生成される自由群 $F$ からの全射準同型 $F \twoheadrightarrow G$ が存在するとき**有限生成**であるという．

詳細は省くが，以下のような事実が知られている．

- 有限生成群の濃度は可算である．
- 有限生成群の有限指数部分群は有限生成群である．
- 有限生成群の部分群で有限生成でないものが存在する．

次の節で，与えられた有限生成群が作用する空間であるケーリーグラフを定義する．ケーリーグラフに良い幾何を導入し，その幾何を用いて有限生成群を調べるのが幾何学的群論の出発点である．ケーリーグラフの紹介の前に，上の全射 $F \twoheadrightarrow G$ の**核**(kernel)，すなわち $G$ の中で id に対応するような $F$ の元がよくわかっている群について，少し寄り道することにする．

**定義 7.17** $G$ を群，$S \subset G$ を部分集合とする．このとき，$S$ を含む最小の正規部分群を $\langle\!\langle S \rangle\!\rangle_G$ と書き，$S$ が**生成する正規部分群**という．$\langle S \rangle_G$ のときと同様に
$$\langle\!\langle S \rangle\!\rangle_G = \bigcap \{ H \triangleleft G \mid S \subset H \}$$
と書ける．$H \triangleleft G$ は $H$ が正規部分群，つまり任意の $g \in G$ に対して $gHg^{-1} = H$ となる部分群であることを示す記号である．混乱が生じないときは $\langle\!\langle S \rangle\!\rangle_G$ を単に $\langle\!\langle S \rangle\!\rangle$ と書く．

集合 $S$ で自由生成される自由群 $F(S)$ において $S$ 上の語は $F(S)$ の元を定め

ることに注意する．以上を用いて，群の表示を定義することができる．

**定義 7.18**（群の表示） $S$ を集合，$R$ を $S$ 上の語からなる集合とする．このとき

$$\langle S \mid R \rangle := F(S)/\langle\!\langle R \rangle\!\rangle_{F(S)}$$

と定め，**群の表示**という．$S$ と $R$ が有限集合であるとき，$\langle S \mid R \rangle$ を有限表示群という．

群 $G := \langle S \mid R \rangle := F(S)/\langle\!\langle R \rangle\!\rangle_{F(S)}$ は $S$ で生成され，自然な写像 $F(S) \to G$ の核(kernel)は $\langle\!\langle R \rangle\!\rangle_{F(S)}$ である．

**例 7.19** 初学者が出会う多くの群は，有限表示群である．ここで，群の表示は一意ではないことに注意する．一般に二つの有限表示群が与えられたとき，その二つの同型を判別するのは難しい問題である．また，さまざまな空間の基本群の有限表示が知られている．
（1） $\pi_1(\mathbb{S}^1) \cong \mathbb{Z} \cong \langle g \mid \emptyset \rangle$
（2） $\mathbb{Z}/n\mathbb{Z} = \{g \mid g^n\}$
（3） $F_n \cong \langle g_1, \cdots, g_n \mid \emptyset \rangle$
（4） $\pi_1(\mathbb{T}) \cong \mathbb{Z} \times \mathbb{Z} = \langle g_1, g_2 \mid [g_1, g_2] \rangle$．ここで $\mathbb{T}$ は 2 次元トーラスであり，$[a, b] = a^{-1}b^{-1}ab$ は交換子である．
（5） 種数 $g$ の曲面 $\Sigma_g$ の基本群
$$\pi_1(\Sigma_g) \cong \langle a_1, b_1, \cdots, a_g, b_g \mid [a_1, b_1][a_2, b_2]\cdots[a_g, b_g] \rangle.$$

最後に群の表示と空間の基本群の関係についての事実を紹介する．

**定理 7.20** 有限表示の与えられた群 $G := \langle S \mid R \rangle$ を基本群としてもつ弧状連結空間 $X$ が存在する．

**証明のスケッチ** ここでは大雑把なアイデアだけを紹介する(参考文献[1]参照)．$V_n = \mathbb{S}^1 \vee \mathbb{S}^1 \vee \cdots \vee \mathbb{S}^1$ と書くと定理 7.11 より $\pi_1(V_n, x_0)$ は $F_n$ と同型になる．

いま $R$ は $S$ 上の語からなる集合であった. そのうちの一つを $r = a_1 a_2 \cdots a_k$ とする, ここで $a_i \in S \cup S^{-1}$ である. 語 $r$ は $V_n$ のループを与える. ここで, 群 $G$ 上では $r$ が id を与えるという事実を基本群の言葉に直すと「$r$ で与えられるループは円盤を囲う」となる.

求める空間 $X$ は, $R$ の各元に対して円盤 $D$ を用意し, $\mathbb{S}^1 \vee \mathbb{S}^1 \vee \cdots \vee \mathbb{S}^1$ に $r$ にそって $\partial D\,(\cong \mathbb{S}^1)$ を貼り合わせることで得られる. $\qquad\square$

## 7.3●ケーリーグラフ

はじめにグラフの定義をする.

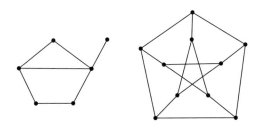

**図 7.2** グラフの例. 頂点は黒丸.

**定義 7.21** 集合 $V$ に対して $V \times V$ に $(v, v') \sim (v', v)$ として同値関係を入れ, $E \subset V \times V / \sim$ を考える. 組 $(V, E)$ を**グラフ**(graph)という. 一般には $E$ が重複を許した集合(multiset)になることも許す. ここで $V$ は**頂点**(vertex)の集合, $E$ は**辺**(edge)の集合である. グラフは各辺が区間 $[0, 1]$ と同相になるように位相が入る(辺の端点が一致しているときは $\mathbb{S}^1 \cong [0, 1]/(0 \sim 1)$ と同相).

辺 $\{v, v'\} \in E$ に対して $e := vv'$ と書いて向きのついた辺を考える. この辺 $e$ は頂点 $v$ から頂点 $v'$ への辺を表している. 基本群の定義の際と同様に $e_- := v$, $e_+ := v'$ とする. $e$ の向きを逆にしたものを $\bar{e}$ と書く.

群は対称性を記述する. グラフの対称性は以下のグラフ同型写像で与えられる.

**定義 7.22** $X = (V, E)$ をグラフとする．このとき写像 $f: V \to V$ がグラフ同型写像であるとは

- $e = vv' \in E$ のとき $f(v)f(v') \in E$ であり，$f$ は $f: E \to E$ を定める．
- $f$ は $V$ 上，$E$ 上で全単射である．
- 任意の $e \in E$ に対して $(f(e))_{\pm} = f(e_{\pm})$（複号同順）が成り立つ．

を満たすことである．つまり，辺で結ばれる関係性を保つ頂点の 1 対 1 対応がグラフ同型写像である．

グラフについて標準的な言葉を用意しておく．

**定義 7.23** グラフ $(V, E)$ 上の**道**(path)とは向きづけられた $E$ の元の列 $\gamma := e^1 \cdots e^n$ で各 $1 \leqq i < n$ に対して $e_+^i = e_-^{i+1}$ が成り立つ列のことをいう．道に対しても端点を $\gamma_- := e_-^1$，$\gamma_+ := e_+^n$ と書く．道 $\gamma$ が $\gamma_- = \gamma_+$ を満たすとき，**サイクル**(cycle)という．さらにサイクル $\gamma = e^1 \cdots e^n$ はすべての $i \neq j$ に対して $e_i \neq e_j$，$e_i \neq \bar{e}_j$ が成り立つとき**サーキット**(circuit)[1] という．グラフ $(V, E)$ が**連結** (connected)であるとは，任意の $v \neq v'$ に対して道 $\gamma$ で $\gamma_- = v$，$\gamma_+ = v'$ を満たすものが存在することをいう．

**定義 7.24** $E$ が重複を含まず，さらに $E \subset (V \times V \setminus \{(v, v) \in V \times V\})/\sim$ を満たすとき，グラフ $(V, E)$ は**単純**(simple)であるという．言い換えると，$E$ が多重辺と，同じ頂点を端点とする単一の辺によるサイクル(グラフ理論の言葉遣いではループ)を含まないとき，グラフは単純と呼ばれる．

各頂点から出発する辺の数はグラフ理論において重要である．

**定義 7.25** グラフ $(V, E)$ を考える．

（1）各頂点 $v$ に対して $E_v := E \cap (\{v\} \times V)/\sim$ の濃度 $|E_v|$ を頂点 $v$ の**次数**

---

1）（電子）回路と訳すべきかもしれない．ショートしないようなひと回りのことである．

（degree, valency）という.

（2） ある $n \in \mathbb{N}$ が存在して, すべての頂点が次数 $n$ をもつとき, $(V, E)$ を **$n$-正則グラフ**（regular graph）という.

（3） すべての頂点の次数が有限であるグラフを**局所有限グラフ**（locally finite graph）という.

**例 7.26** 図 7.2 右のグラフは 3-正則グラフの有名な例で, ピーターソングラフと呼ばれる.

ケーリーグラフとは, 群とその生成系の組に対して構成されるグラフである.

**定義 7.27** $G$ を群, $S$ をその生成系とする. このとき, **ケーリーグラフ**（Cayley Graph）$C(G, S)$ とは次の頂点集合と辺集合をもつグラフである.

- 頂点集合： $G$
- 辺集合： $\{(g, gs) \in G \times G \mid s \in S\}/\sim$

省略することも多いが, ケーリーグラフの各辺の上に $S$ の元でのラベルづけを一緒に書く.

次の事実はケーリーグラフの構成方法より従う.

**命題 7.28** 群 $G$ の生成系 $S$ に関するケーリーグラフ $C(G, S)$ は連結な正則グラフである. さらに, $S$ が id, 重複（$s \in S$ に対して $s^{-1} \in S$ もここでは重複とみなす）と位数 2 の元（$a^2 = \mathrm{id}$ となる元）を含まないとき, $C(G, S)$ は単純グラフとなる.

ケーリーグラフは群が作用する"最初"の空間だと述べた. その作用は次で与えられる.

**定義 7.29**（群のケーリーグラフへの左作用） 各 $g \in G$ に対して, $g : C(G, S) \to C(G, S)$ を各頂点 $h \in C(G, S)$ に対して $g(h) = g \cdot h$（群の演算）で定めて得

られる群作用を群 $G$ の $C(G,S)$ への**左作用**（left action）という．この作用において各 $g \in G$ が定める写像はグラフ同型写像になる．この作用は標準的であるため，単に**群のケーリーグラフへの作用**ということも多い．

すべての元 $g \in G$ の作用が固定点をもたないとき，$G$ の作用は**自由**であるという．

**命題 7.30**　$G$ を群，$S$ をその生成系とする．群 $G$ のケーリーグラフ $C(G,S)$ への作用は，同相写像かつグラフ同型による作用である．さらに $G$ が位数 2 の元を含まなければ，$G$ の $C(G,S)$ への作用は自由である（「自由群」の「自由」とは直接関係はないので注意）．

今，群作用は辺を辺へ移すことをみた．以降，各辺は $[0,1]$ と等長写像で同一視し（ループは $[0,1]/(0 \sim 1)$）群作用はパラメータづけも保つこととする．

**例 7.31**　ケーリーグラフの例をあげる．意図的に "どこかでみたことのある"，絵を多くおみせしている．なお，ケーリーグラフは無限グラフでありすべてを描くことは不可能であるため，図は "ケーリーグラフの一部" であることに注意しておく．

（1）　群 $\mathbb{Z} \cong \langle a \mid \emptyset \rangle$ の $S = \{a\}$ に関するケーリーグラフ $C(\mathbb{Z}, S)$（図 7.3）．

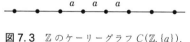

**図 7.3**　$\mathbb{Z}$ のケーリーグラフ $C(\mathbb{Z}, \{a\})$．

（2）　群 $\mathbb{Z} \times \mathbb{Z} \cong \langle a, b \mid [a, b] \rangle$ の $S = \{a, b\}$ に関するケーリーグラフ $C(\mathbb{Z}, S)$（図 7.4）．

（3）　群 $F_2 \cong \langle a, b \mid \emptyset \rangle$ の $S = \{a, b\}$ に関するケーリーグラフ $C(F_2, S)$（図 7.5，この本の表紙にも現れている）．

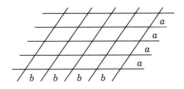

**図 7.4**　$\mathbb{Z} \times \mathbb{Z}$ のケーリーグラフ $C(\mathbb{Z} \times \mathbb{Z}, \{a, b\})$.

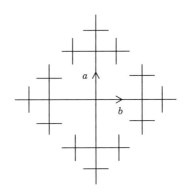

**図 7.5**　$F_2$ のケーリーグラフ $C(F_2, \{a, b\})$.

## 7.4 ● 自由群のケーリーグラフ

この節では自由群をケーリーグラフの性質で特徴づける．グラフには各辺が区間 $[0, 1]$ と同相になるような位相が入ることに注意する．はじめに，ケーリーグラフ上でのサイクルに着目しよう．例えば $\mathbb{Z} \times \mathbb{Z} \cong \langle a, b \mid [a, b] \rangle$ 上には四角形のサイクルがたくさんある．最小の四角形は向きをこめてラベルをたどると $a^{-1}b^{-1}ab$ が得られる．これはまさに関係式 $[a, b]$ である．一般に群 $G$ とその生成系 $S$ でケーリーグラフ $C(G, S)$ を考えると，$C(G, S)$ 上のサイクルは群 $G$ で単位元に対応する $S$ の語を与える．自由群に話を戻すと，$S$ で自由生成された自由群においては $s \cdot s^{-1}$ という "行って戻る"（back track）語以外は単位元とならない．すると，次にみる木との関連がみえてくる．

**定義 7.32**　すべてのサイクルが，端点を固定して定値写像にホモトピックにな

る連結なグラフを**木**(tree)という．木の同値な定義として，サーキットが定値写像しか存在しない連結なグラフとすることもできる．

多少飛躍があるが，上でみた自由群のケーリーグラフ上でのサイクルに対する観察から次がわかる．

**定理 7.33** $F$ を $S$ で自由生成される自由群とする．このときケーリーグラフ $C(F, S)$ は木となる．

ケーリーグラフは正則グラフであったことを思い出すと，次がわかる．

**系 7.34** $|S| = n$ となる $S$ で自由生成される自由群 $F_n$ のケーリーグラフ $C(F_n, S)$ は $2n$-正則な木である．

実はこの事実の逆も成り立つ．

**定理 7.35** 群 $G$ のある生成系 $S$ に対するケーリーグラフ $C(G, S)$ が木であるならば，$G$ は $S$ で自由生成される自由群である(参考文献[3]参照)．

定理 7.35 は「群の作用で群の代数的な情報がわかる」という幾何学的群論らしい結果であるが，その証明は本書の守備範囲を超えてしまう．残念だが，詳細は別文献([3]など)に譲ることにして本書では前に進む．

次章ではとうとう，副題にある "無限の彼方から" の視点を与えてくれる，擬等長写像について解説する．

**参考文献** ───────

［1］小島定吉著，『トポロジー入門』，共立出版，1998 年．

［2］藤原耕二著，『離散群の幾何学』，朝倉書店，2021 年．

［3］Clara Löh, "Geometric group theory", Springer, 2017.

# 第8章

# 擬等長写像
## 粗い幾何学

　数学をやっていると，たまに飲み会などで頼まれる．「数学的にこの料理（ピザとか）を平等に分けてよ！」[1]　僕は答える．「とにかく細かく小さいピースに分けろ！　そして各々がどれだけ食べたか忘れさせろ！」これが一番平和なのである．こっそりたくさん食べたい人もいれば，そうでない人もいる．細かいこ

---

[1]　ここでピザの定理（調べて！）などの話をするのもいいだろう．たぶん「へー」といってもらえる．

とはいいのだ，だいたい同じであれば．

　ただこの"だいたい同じ"，というのは案外難しい．僕らは有限の時間しか生きることはできず，有限の回数しか食事はできないが，ここでは無限の時間に対して"だいたい同じ"を考える．そうすると，落としどころとして「何度繰り返しても，各々が望む量と差が有限で収まる」となるのではないか？　実をいうと，ピザを小さいピースに分けて好きなだけ食べてもらうやりかたは，毎回全員が完璧に幸せになるとは限らないが，平均をとればだいたい望むところに落ち着くような仕組みである．

　ここまではどちらかというと確率論の話であるが，幾何においても「有限の誤差を無視」して世界を眺めてみたらどうなるだろう？　本書で紹介する擬等長写像は，距離の有限倍と有限加減の差を気にせず幾何を見直す考え方である．確率論同様，局所的な現象はあまり捉えられなくなるが，大域的な情報が生き残る．擬等長写像など，有限の誤差を無視して空間を研究する分野を「粗い幾何（coarse geometry）」という．粗い幾何は，しばしば"無限の彼方から"空間を眺める幾何学といわれる．本書のタイトルの副題にようやく辿り着いた．遠近法などでいわれることだが，物体の大きさは視点からの距離に反比例する．近くから見れば大きく見えるし，遠くから見れば小さく見える．ただし，僕らは「どこまでも伸びる直線」のように無限の大きさをもつ空間を考えている．直線はどこまで離れたところから見ても直線である．ここで，その直線の上に，有限のエラー（短いヒゲが生えているなど）が乗っていたとしよう．近くで見ると，ヒゲは気になる，ニョロ．しかし，うんと離れて見るとヒゲは気にならないほどに小さくなる．そして，無限の彼方から見ると，ヒゲは見えなくなり，直線だけが残る．残ったものが本質である．1章で「オカンの物忘れ」が，数学的に見ると，かなり本質を捉えているという話をした．有限の誤差を忘れることで，カタチの本質に迫る幾何学．それが粗い幾何であり，その主役が本章で紹介する擬等長写像だ．

　幾何学的群論では離散群を考えている．離散なのでバラバラである．ケーリーグラフはバラバラの群を線で結んだ．一見心細い空間であるが，擬等長写像を通して"無限の彼方から"眺めてみると，ケーリーグラフの上に，結果として群の上に，驚くほど良い幾何が見えてくる．群の幾何を眺めるためにも，擬等

長写像は大切だ．擬等長写像は等長写像の条件を緩めたものだ．緩め方がそれ
ら中間に位置する，リプシッツ写像もついでに登場させる．

　個人的に，この数学はB型っぽいと思っている．おおざっぱで，適当である
が，どこか大事なところは抑えている．とても，僕っぽいと思っている．まあ
僕は大事なものをちょいちょい捉え損ねるけれど．

## 8.1 ● 等長写像，リプシッツ写像，擬等長写像

　距離空間 $(X, d_X)$ から距離空間 $(Y, d_Y)$ への写像 $f\colon X \to Y$ について考える．
まずは等長写像を思い出そう．

**定義 8.1**（等長写像）
　● 写像 $f\colon X \to Y$ が**等長埋め込み**（isometric embedding）であるとは，任意
の2点 $x, x' \in X$ に対して
$$d_Y(f(x), f(x')) = d_X(x, x')$$
が成り立つことをいう．

　● 等長埋め込み $f\colon X \to Y$ は，逆方向の等長埋め込み $g\colon Y \to X$ で
$$g \circ f = \mathrm{id}_X, \qquad f \circ g = \mathrm{id}_Y$$
が成り立つものが存在するとき，**等長写像**（isometry）であるという．

　距離空間 $X$ と $Y$ の間に等長写像があれば，距離空間として $X$ と $Y$ は同じ
ものとみなせる．次は等長写像の条件を有限倍だけ緩めた写像，リプシッツ写
像の定義をする．

**定義 8.2**（リプシッツ写像）
　● 写像 $f\colon X \to Y$ が**リプシッツ埋め込み**（Lipschitz embedding）であるとは，
ある定数 $c \geqq 1$ が存在して任意の2点 $x, x' \in X$ に対して
$$d_Y(f(x), f(x')) \leqq c \cdot d_X(x, x')$$
が成り立つことをいう．この $c$ をリプシッツ定数という．

　● リプシッツ埋め込み $f\colon X \to Y$ は逆写像 $g\colon Y \to X$ がリプシッツ埋め込み

のとき，**双リプシッツ写像**(bi-Lipschitz map)という．

　だんだんと，等長写像が"緩んで"きた．最後に有限加減の誤差も許して，さらに緩める，擬等長写像を定義する．

**定義 8.3**（擬等長写像）

● 写像 $f: X \to Y$ が $((c, b)-)$ **擬等長埋め込み**(quasi-isometric embedding)であるとは，ある定数 $c \geqq 1$, $b \geqq 0$ が存在して任意の 2 点 $x, x' \in X$ に対して

$$\frac{1}{c} \cdot d_X(x, x') - b \leqq d_Y(f(x), f(x')) \leqq c \cdot d_X(x, x') + b$$

が成り立つことをいう．

● 二つの擬等長埋め込み $f, f': X \to Y$ はある定数 $c' \geqq 0$ が存在して

$$d_Y(f(x), f'(x)) \leqq c', \qquad \forall x \in X$$

が成り立つとき，**差が有限**であるという．このとき $f \sim_\text{fi} f'$ とかく

● 擬等長埋め込み $f: X \to Y$ はほかに擬等長埋め込み $g: Y \to X$ が存在して

$$g \circ f \sim_\text{fi} \text{id}_X, \qquad f \circ g \sim_\text{fi} \text{id}_Y$$

となるとき，**擬等長写像**(quasi-isometry)であるという．$X$ と $Y$ の間に擬等長写像が存在するとき，$X$ と $Y$ は**擬等長**(quasi-isometric)であるといい

$$X \sim_\text{QI} Y$$

とかく．

　リプシッツ"埋め込み"，擬等長"埋め込み"という言葉遣いをしているが，これらは位相空間論などで使われる「埋め込み(像への同相写像)」ではない．つまり単射ではないし，擬等長埋め込みに至っては連続ですらない．ただ，概念に慣れてくると，これらをどうしても埋め込みと呼びたい気持ち(病気?)になる．

　擬等長写像を考える際には，登場する定数 $c, b$ の値はあまり気にしないことが多い．とにかく，ある定数が存在して，すべての $X$ 上の 2 点を写した後の距離が，もとの距離で抑えられている事実が大事である．有限であれば，無限の彼方から眺めることですべて無視できてしまうのだ．一方でリプシッツ写像は

しばしば最小のリプシッツ定数が重要な意味をもつ．詳しくは立ち入らないが，例えば6章で紹介したタイヒミュラー空間上の距離を定めるのにリプシッツ定数が使われるなどしている．

**命題 8.4** 次が成り立つ．
- 等長埋め込み，リプシッツ埋め込みは連続である．
- 等長埋め込み $\Longrightarrow$ リプシッツ埋め込み $\Longrightarrow$ 擬等長埋め込み．
- 双リプシッツ写像は擬等長写像である．

一方で，繰り返しになるが擬等長写像は連続とは限らないことに注意する．有限加減の誤差($b$ の方)が，連続性を壊してしまう．その代わりに次であげるように，$\mathbb{Z}$ と $\mathbb{R}$ など一見すると異なって見えるカタチを同一視できる．同一視できれば，共通の性質などがわかるのである．

**例 8.5**
- $\mathrm{diam}(X) := \sup_{x,x' \in X} d_X(x,x')$ を $X$ の直径(diameter)とする．$\mathrm{diam}(X) < \infty$ のとき $X$ は1点集合と擬等長である($b = \mathrm{diam}(X)$ とすればよい)．
- 標準的な埋め込みにおいて $\mathbb{Z}^n \sim_{\mathrm{QI}} \mathbb{R}^n$ である．
- $T_n$ を $n$-正則な木とする．このとき $n,m \geqq 3$ ならば $T_n \sim_{\mathrm{QI}} T_m$ である．

これらの例が実際に擬等長になっていることは，この先の議論を見ればきっと理解できるはずである．まずは，擬等長という性質は写像の合成で保たれることを主張しておこう．

**命題 8.6** $X,Y,Z$ を距離空間とし，$f\colon X \to Y$，$g\colon Y \to Z$ を写像とする．このとき $f,g$ が擬等長写像(または埋め込み)ならば $g \circ f$ も擬等長写像(または埋め込み)である．

なお，命題 8.6 の"擬等長"を"等長"や"リプシッツ"に差し替えた主張も成り立つ．証明は写像の合成に対して，定義を丁寧に確かめることで得られる．

以下の命題 8.7 の証明にも同様の議論があるので参考にしてほしい.

擬等長写像に慣れるために, 擬等長写像の別の特徴づけをしてみよう. 逆写像の構成方法に, 擬等長写像の "緩さ" を感じてほしい.

**命題 8.7**　擬等長埋め込み $f\colon X \to Y$ は
$$\exists K \geqq 0,\ \text{s.t.}\ \forall y \in Y,\ \exists x \in X\ \text{s.t.}\ d_Y(y, f(x)) \leqq K \qquad (*)$$
を満たす(平たくいうと, 像 $f(X)$ を $K$ だけ膨らませると $Y$ を覆う)とき, 擬等長写像となる. つまり, このとき擬等長写像 $g\colon Y \to X$ で
$$g \circ f \sim_{\mathrm{fl}} \mathrm{id}_X, \qquad f \circ g \sim_{\mathrm{fl}} \mathrm{id}_Y \qquad (**)$$
となるものが存在する.

**証明**　写像 $g$ を具体的に構成していく. 条件(*)より, 各点 $y \in Y$ に対して $d_Y(y, f(x)) \leqq K$ となる $x \in X$ が存在する. この $x$ は唯一とは限らないが, とにかく適当に一つ選び $g(y) := x$ と定めると, 写像 $g\colon Y \to X$ が得られる(連続とは限らない). この $g$ が擬等長埋め込みであり, さらに条件(**)を満たすことを示せばよい. まず, $g$ が擬等長であることを示す. 任意に 2 点 $y, y' \in Y$ をとる. このとき, $g$ の定め方により
$$|d_Y(y, y') - d_Y(f(g(y)), f(g(y')))| \leqq 2K \qquad (1)$$
が成り立つ. ここで $f$ が擬等長であるので, ある $c, b$ が存在して
$$\frac{1}{c} \cdot d_X(x, x') - b \leqq d_Y(f(x), f(x')) \leqq c \cdot d_X(x, x') + b$$
を満たす. とくに
$$\frac{1}{c} \cdot d_X(g(y), g(y')) - b \leqq d_Y(f(g(y)), f(g(y'))) \leqq c \cdot d_X(g(y), g(y')) + b.$$
したがって(1)より
$$\frac{1}{c} \cdot d_X(g(y), g(y')) - b - 2K \leqq d_Y(y, y') \leqq c \cdot d_X(g(y), g(y')) + b + 2K$$
となり, $g$ は擬等長埋め込みである.

また, $f$ の擬等長性より $d_Y(f(x), f(x')) \leqq K$ ならば $d_X(x, x') \leqq c(K + b)$ である. したがって任意の $x \in X$ に対して $d_X(g \circ f(x), x) \leqq c(K + b)$ であり,

$g \circ f \sim_{\mathrm{fi}} \mathrm{id}_X$ である．定め方より $d_Y(f \circ g(y), y) \leqq K$ なので $f \circ g \sim_{\mathrm{fi}} \mathrm{id}_Y$ も従う．
$\square$

擬等長写像は，7章で定義した有限生成群のケーリーグラフの理解に非常に有用であることがわかる．

**定義 8.8** 群 $G$ の生成系 $S$ に対して，**語による距離**（word distance）とは各 $g \in G$ に対して
$$\|g\|_S := \min\{n \mid g = s_1 \cdots s_n, \ s_i \in S \cup S^{-1}\}$$
と定まる距離のことをいう．つまり，$d(g, h) := \|g^{-1}h\|_S$ と定める．

**命題 8.9** 語の距離が入った群 $G$ はケーリーグラフ $C(G, S)$ に等長に埋め込まれる．さらに $C(G, S) \sim_{\mathrm{QI}} G$ である．

**証明** ケーリーグラフは各頂点が $G$ の元に対応し，辺は生成系 $S$ で関係づけられる元と元を結ぶ長さが 1 のものとして定義されていた．語の距離もまた，生成系で関係づけられる元と元の距離を 1 と定めており，群 $G$ がケーリーグラフへ等長に埋め込まれることは構成の仕方から従う．逆に，$C(G, S)$ の頂点は対応する $G$ の元に，各辺上の点は端点の近い方（真ん中の点はどちらでもよい，このあたりに擬等長写像の自由さが窺える）に対応させると，写像 $C(G, S) \to G$ が得られる．この写像は $(1, 1/2)$-擬等長埋め込みである．$b = 1/2$ なのは，辺の真ん中を境にあちらとこちらに分けたことで生じる誤差である．これらの二つの写像の合成が恒等写像と差が有限であることも，作り方からわかる．$\square$

さて，僕らは"群の幾何"を捉えるために，ケーリーグラフを導入していた．しかし，ケーリーグラフは群とその有限生成系のとり方できまる．群の有限生成系のとり方は一意ではなく，無限群ならば，無限通りの方法がある．ケーリーグラフを群そのものの特徴を捉えるものとみなすためには，無限通りあるケーリーグラフを何らかの意味で同一視する必要がある．その同一視を与えるのが擬等長写像なのである．

**定理 8.10** $G$ を有限生成群とし，$S$ と $S'$ をそれぞれ $G$ の有限生成系とする．このとき

$$(G, \|\cdot\|_S) \sim_{\mathrm{QI}} C(G, S) \sim_{\mathrm{QI}} C(G, S') \sim_{\mathrm{QI}} (G, \|\cdot\|_{S'})$$

である．

**証明** 命題 8.9 により $(G, \|\cdot\|_S) \sim_{\mathrm{QI}} (G, \|\cdot\|_{S'})$ を示せば十分である．$S'$ は $G$ の生成系なのでとくに $s \in S$ に対して $S' \cup (S')^{-1}$ の語 $w_s$ で長さが $\|s\|_{S'}$ のものが存在する．$c := \max\{\|s\|_{S'} \mid s \in S\}$ とする．ここで $g \in G$ について考える．距離の定め方より $g$ の語の長さについて考察すれば十分である．$g$ を表す長さ $\|g\|_S$ の $S \cup S^{-1}$ の元からなる語を $w$ とする．このとき $w$ の各文字は高々長さ $c$ の $S' \cup (S')^{-1}$ の語でかけるので $\|g\|_{S'} \leqq c\|g\|_S$ が成り立つ．したがって $\mathrm{id} \colon (G, \|\cdot\|_S) \to (G, \|\cdot\|_{S'})$ は $c$-リプシッツ埋め込みである．同様にして $\mathrm{id} \colon (G, \|\cdot\|_{S'}) \to (G, \|\cdot\|_S)$ はある定数 $c'$ に対して $c'$-リプシッツ埋め込みであることがわかる．よって $\mathrm{id}$ は $\max(c, c')$-双リプシッツ写像である．とくに $\mathrm{id}$ は擬等長写像である． $\square$

　ここで，$C(\mathbb{Z}, \{1\})$ と $C(\mathbb{Z}, \{2, 3\})$ が擬等長であることを見てみよう．頂点上の恒等写像 $\mathrm{id}$ を考える．辺は定理 8.10 の証明同様 "一番近い頂点" に写す写像として，同じ記号 $\mathrm{id}$ でかく．写像 $\mathrm{id}$ は連続写像ではないことに注意しよう．ケーリーグラフを描くと，図 8.1 と図 8.2 のようになる．ここで，図 8.2 においても，すべての辺は長さが 1 であることに注意しよう．$C(\mathbb{Z}, \{2, 3\})$ において，右に一つ進むにはどうすればよいか？　まず初めに 3 に対応する辺（図 8.2 の

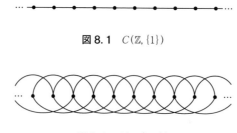

**図 8.1** $C(\mathbb{Z}, \{1\})$

**図 8.2** $C(\mathbb{Z}, \{2, 3\})$

下側の辺)で右に行き，次に 2 に対応する辺(図では上側)で左に戻ることで，右に一つ進む道ができる．この道が $C(\mathbb{Z}, \{1\})$ の各辺に対応する．つまり，$C(\mathbb{Z}, \{1\})$ において距離が $n$ 離れている 2 点は，$C(\mathbb{Z}, \{2,3\})$ では長さが高々 $2n$ の道で結べる．擬等長(もしくはリプシッツ)埋め込みの定義の $c = 2$ とすれば，id: $C(\mathbb{Z}, \{2,3\}) \to C(\mathbb{Z}, \{1\})$ が $(2,3)$-擬等長埋め込みあることがわかる．$b = 3$ は辺の端点の距離を比べるとわかる．逆に $C(\mathbb{Z}, \{2,3\})$ の 2 の辺，3 の辺は，$C(\mathbb{Z}, \{1\})$ の辺を 2 回もしくは 3 回単純にたどることで得られる．したがって id: $C(\mathbb{Z}, \{1\}) \to C(\mathbb{Z}, \{2,3\})$ は $(3, 1/2)$-擬等長埋め込みであることがわかる．最後に id が擬等長写像であることは，写像の作り方より，頂点を動かさず，辺の端点の距離は高々 1 であることに注意して，定義と見比べればきっとわかるはずだ．そして，図 8.2 を "無限の彼方から" 眺める想像をしてほしい．きっと，直線にしか見えなくなってくるはずだ．

**命題 8.11** 群 $G$ を有限生成群，$H < G$ を有限指数部分群とする．このとき
$$G \sim_{\text{QI}} H$$
である．

　有限指数部分群 $H < G$（定義を知らない人は調べて）は，ざっくりというと $G$ を "$n$ 倍に拡大" して得られる群(この $n$ が指数と対応)である．そのため擬等長写像の定義の $c$ を $n$ より大きくとればよい．有限指数部分群の具体例として $\mathbb{Z}$ の部分群 $n\mathbb{Z} = \{n \cdot k \mid k \in \mathbb{Z}\}$ などがある．$n\mathbb{Z}$ は決められた区間 $[a, b]$ で見ると $\mathbb{Z}$ を "$n$ 倍に拡大" しているように見えるはずだ．

## 8.2 ● 擬測地線

　測地線．たどると長さが測れる線．本節では測地線を有限に "ゆらした" 擬測地線を導入する．まずは，測地線の定義から始める．

**定義 8.12** 距離空間 $(X, d_X)$ を考える．
● 等長写像 $\gamma\colon [a, b] \to X$ を**測地線**(geodesic)という．この測地線は 2 点 $\gamma$-

$:= \gamma(a)$ と $\gamma_+ := \gamma(b)$ を結んでいるという.

- 任意の 2 点 $x, x' \in X$ に対して, $x$ と $x'$ を結ぶ測地線が存在するとき, $X$ を**測地空間**(geodesic space)という.

**例 8.13**(測地空間の例)

- ユークリッド空間 $\mathbb{R}^n$ は(普通の意味での)直線を測地線とする測地空間.
- 球面 $\mathbb{S}^n$ は大円($\mathbb{S}^n$ と中心を共有する $\mathbb{S}^1 \subset \mathbb{S}^n$)を測地線とする測地空間.
- 双曲空間 $\mathbb{H}^n$ の上半平面モデルは境界に直交する半円の一部を測地線とする測地空間.
- グラフは各辺を $[0, 1]$ と等長写像で同一視することにより, 最短の道が測地線となる測地空間.
- とくに, 群のケーリーグラフは測地空間.

**例 8.14**(測地空間でない例)

- 弧状連結ではない空間は, 測地空間ではない.
- $\mathbb{R}^2$ から原点を抜いた空間は測地空間ではない($(x, y)$ と $(-x, -y)$ を結ぶ測地線が存在しない).
- 二つの点 $v_1, v_2$ を用意する. 各 $n \in \mathbb{N}$ に対して長さ $1 + 1/n$ で $v_1, v_2$ を結ぶ線分を考え, 和集合をとると, この空間は測地空間ではない.

のちのち, 各辺が測地線である測地多角形, とくに測地三角形が重要な意味をもつ. 注意をしておくと, 例えばグラフなどにおいては測地線は存在し, 長さを測ることはできるが, 測地線同士の"角度"を測ることはできない.

**定義 8.15**(擬測地線) $(X, d)$ を距離空間とする.

- 擬等長写像 $\gamma : [a, b] \to X$ を $X$ の**擬測地線**という.
- ある $(c, b)$ が存在して, 任意の 2 点が $(c, b)$-擬測地線で結べるとき, $X$ を $(c, b)$-**擬測地空間**という.

## 8.3 ● スバーク–ミルナーの補題

　群 $G$ が空間 $X$ に作用している．幾何学的群論では空間 $X$ に幾何をいれる．ここで $X$ の "幾何" は「距離」である．距離による幾何を考えるため，作用 $G \curvearrowright X$ は等長写像による作用とする．等長写像による作用があると，群と空間の擬等長が得られる．

**補題 8.16**（スバーク–ミルナー（Svarc-Milnor）の補題）　$G$ を群とし，$G \curvearrowright X$ を測地距離空間 $(X, d)$ への等長写像による作用とする．さらに，ある開集合 $B \subset X$ が存在して
（1）　直径 $\mathrm{diam}(B) < \infty$
（2）　$B$ の $G$ による像は $X$ を被覆する，すなわち $\bigcup_{g \in G} g \cdot B = X$
（3）　集合 $S := \{g \in G \mid B \cap g \cdot B \neq \emptyset\}$ は有限集合
とする．このとき $S$ は $G$ の生成系となり，$X \sim_{\mathrm{QI}} (G, \|\cdot\|_S) \sim_{\mathrm{QI}} C(G, S)$ が成り立つ．

　スバーク–ミルナーの補題は $X$ が擬測地距離空間の場合にも成り立つ．証明はほぼ同様であるが，煩雑になるのでここでは $X$ は測地空間とする．
　一つ，補題 8.16 の証明の前に，細かいことであるがケーリーグラフの群作用における "左右" について注意しておく．群 $G$ のある生成系 $S$ によるケーリーグラフ $C(G, S)$ において，元 $a, b \in G$ は，ある $s \in S$ が存在し $b = as$ となるとき，つまり生成系 $S$ の元を**右から**かけることで関係づけられるとき，辺で結ばれている．一方で，群 $G$ の $C(G, S)$ 作用は**左から**である．つまり頂点 $h \in C(G, S)$ は元 $g \in G$ で $gh$ に写される．こうすることにより，辺で結ばれる $a, b \in G$ を $g$ で写したとき，$ga$ と $gb$ へ写る．したがって
$$b = as \Longleftrightarrow gb = gas$$
より，$ga$ と $gb$ も辺で結ばれ，群 $G$ の作用で辺が保たれる，つまり作用がグラフ同型になっている．

**補題 8.16 の証明**　点 $x \in B \subset X$ を一つ固定する．まず，$S$ が $G$ の生成系であ

ることを示す．$X$ は測地空間なので，任意の $g$ に対して $x$ と $g \cdot x$ を結ぶ測地線 $\gamma_g$ が存在する．$\bigcup_{g \in G} g \cdot B = X$ と $B$ が開集合であることにより，$\gamma_g$ に対して $S$ の元の列 $s_1, \cdots, s_n$ が存在して $\gamma_g \subset \bigcup_{i=1}^{n} (s_1 \cdots s_i \cdot B)$ となる．このとき $s_1 \cdots s_n \cdot B$ と $g \cdot B$ は交わっているとしてよいので，$S$ の定め方からさらに $s' \in S$ が存在して $s_1 \cdots s_n s' = g$ となる．

次に $X \sim_{\mathrm{QI}} (G, \|\cdot\|_S)$ を示す．写像 $\varphi : G \to X$ を $\varphi(g) = g \cdot x$ と定める．写像 $\varphi$ が擬等長写像になることを命題 8.7 を用いて証明する．まず，$\mathrm{diam}(B) < \infty$ と $\bigcup_{g \in G} g \cdot B = X$ により，任意の $x' \in X$ に対して，上手に $g \in G$ をとれば $x' \in g \cdot B$ とできる．とくに $d(g \cdot x, x') < \mathrm{diam}(B)$ であり，命題 8.7 の条件の一つが成り立つ．次に，$\varphi$ が擬等長埋め込みであることを示す．そのために $d(\varphi(g), \varphi(e))$ を $\|g\|_S$ を用いて上下から評価する．点 $x$ と $g \cdot x$ を結ぶ測地線 $\gamma_g$ をとる．$\gamma_g$ は $\|g\|_S$ 個の $B$ の像で覆われている．したがって

$$d(x, g \cdot x) \leqq \|g\|_S \cdot \mathrm{diam}(B)$$

である．下からの評価を得るために

$$r := \inf\{ d(B, g \cdot B) \mid g \in G \setminus S \}$$

を考える．$\gamma_g$ を被覆する $B$ の像の集合 $\bigcup_{i=1}^{n} s_1 \cdots s_i \cdot B$ で個数 $n$ が最小のものをとる．$S$ が $G$ を生成するときに見た議論により $\|g\|_S - 1 \leqq n$ がわかる．ここで $g_i := s_1 \cdots s_i$ とする．個数 $n$ を最小にするとの仮定により，$g_i \cdot B \cap g_{i+2} \cdot B = \emptyset$ がわかる．したがって，$\lfloor k \rfloor$ は $k$ 以下の最大の整数を表すこととすると，$\gamma_g$ の長さ $d(x, g \cdot x)$ は下から

$$d(x, g \cdot x) \geqq r \cdot \lfloor (n-1)/2 \rfloor \geqq \frac{r}{2}(\|g\|_S - 1)$$

で評価される（図 8.3）．よって $\varphi$ は擬等長埋め込みである．　　　$\square$

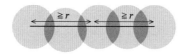

**図 8.3**　二つおきに $\geqq r$

スバーク－ミルナーの補題はその大事な応用として，コンパクトな多様体の普遍被覆と基本群の擬等長を与える．より広く，多様体に限らず広いクラスの

距離空間においてスバーク-ミルナーの補題を考える.

**定義 8.17**　距離空間 $(X, d)$ は，任意の $c \in X$ と $r \geqq 0$ に対して，閉球体
$$B(c, r) := \{x \in X \mid d(c, x) \leqq r\}$$
がコンパクトであるとき**固有空間**(proper space)であるという.

　固有空間は局所コンパクトになることに注意する.

**例 8.18**　"通常" 僕らが考える空間は固有空間である.
- 多様体は固有空間.
- 次数が無限のグラフは固有空間ではない.

**定義 8.19**　群作用 $G \curvearrowright X$ は商空間 $X/G$ がコンパクトであるとき，**余コンパクト**(co-compact)という.

　次の系 8.20 において，主張の**真性不連続**(properly discontinuous)は補題 8.16 における(3)の条件を保証するものだと捉えてほしい.

**系 8.20**　$X$ を固有距離空間とし，群作用 $G \curvearrowright X$ が真性不連続かつ余コンパクトであるとする. このとき，$G$ は有限生成で，語による距離で $G \sim_{\mathrm{ql}} X$ である.

　定理 8.10 により $G$ の生成系を指定しなくても「$G \sim_{\mathrm{ql}} X$」という表現は意味をもつことがわかる.

**証明**　補題 8.16 の条件(1), (2), (3)を確かめればよい. $G \curvearrowright X$ が余コンパクトなので，ある開球 $B := B(x, r)$ は $\bigcup_{g \in G} g \cdot B$ を満たし，(2)が成り立つ. 開球 $B$ は定義により(1)を満たす. さらにここでは詳しくは説明できないが，作用 $G \curvearrowright X$ が真性不連続であるという条件から集合 $S := \{g \in G \mid B \cap g \cdot B \neq \emptyset\}$ は有限集合となり，(3)が得られる. よって $B$ は補題 8.16 の仮定を満たし，$G$ は $S$ を有限生成系とし，$G \sim_{\mathrm{ql}} X$ である.　□

2 章，3 章，4 章において基本群や普遍被覆，そして幾何構造を導入した．普遍被覆に幾何構造が乗っていて，基本群による作用がその構造を保ち（$(G, X)$構造を思い出してほしい），商空間がコンパクトならば系 8.20 の条件を満たす．そうして，基本群と普遍被覆は擬等長になる．正直にいうと，この一言が言いたいがために，本書の序盤では基本的な内容を復習した．

　さあ，だんだん群が幾何をもつ空間に見えてきた．幾何学的群論が始まる．次章はついにグロモフ双曲空間の話ができる．擬等長写像でどんな幾何が捉えられるのか？　お楽しみに！

# 第9章
# グロモフ双曲空間
## やせた3角形

　ミハエル・グロモフ（Mikhael Gromov, 1943年12月23日-）を称えて，こんなことを言う人がいた．「彼が一つ論文を書くと，数学の世界に一つ国ができる」．国には大きく，二つの要素が必要だ．土地と人である．数学の世界を歩いていると，"手付かずの荒野"が至るところにあることがわかる．探検してみたい気持ちはあっても，どこから手をつけていいのかわからない．その先に何があるかもわからず，危険な冒険の末，帰ってこられる保証もない．歴史を顧みても，魅力的な未解決問題に取り組み，結果として何も得られず，"帰ってこられなかった"物語が多数知られている．

　グロモフはそんな荒野に，大きな塔を一つ立てる．そしてその周りには，成果が得られそうな手頃な探索地がたくさん見える．収穫が期待できればそこに人が集まる．人が集えば，社会ができて国ができる．そして，しばしば近くに"川"が見つかる．川は水に乗せて，さまざまなものを運ぶ．歴史上，多くの文明は川や海の近くから生まれた．学生時代タイ出身の友人に，「どうしてタイではこんな独自の食文化ができたのか？」と尋ねたところ即答で「川だ」と言われた．上流から食材が川を下ってきたとのこと．数学でも同じく，豊かな数学がある分野には，どこからか"食材"のような，魅力ある文化が他の数学分野から流れ込んでいることが多い．そして，数学は混ざり合い互いに影響しあって発展していく．

　本章では，グロモフにより開拓され，生まれた国の一つ，グロモフ双曲空間について解説する．負曲率を持つ空間，双曲空間の本質を摑むには，「3角形が

細いこと」で十分であるとグロモフは見抜いた．その名から想像される通り，グロモフ双曲空間へは，本家の双曲空間から多くの理論が流れ込んでいった．双曲空間で成り立つ，さまざまな魅力的な理論を"真似"することで，ほとんど同様の理論がグロモフ双曲空間でも成り立った．そして面白いことに，グロモフ双曲空間をはじめとする幾何学的群論は次第に独自の発展を遂げ，今度は3次元の双曲多様体の重要な結果を示す道具となった．

　さて，7章で群のケーリーグラフを導入した．ケーリーグラフは群とその有限生成系で決まり，有限生成系を取り替えると，8章で導入した擬等長写像でケーリーグラフは写りあうのであった．擬等長写像は連続ですらなかったが，3角形が細いという性質は，擬等長写像によって保たれる性質であることにグロモフは気づいた．したがって，有限生成群が与えられたとき，とある有限生成系によるケーリーグラフがグロモフ双曲空間であれば，すべての有限生成系においてグロモフ双曲空間となり，擬等長写像で保たれるグロモフ双曲性は群の有限生成系によらない概念となる．したがって，ケーリーグラフがグロモフ双曲性を持つという性質は群の性質とみなせる．そのような群をグロモフ双曲群といい，その性質は"双曲幾何"を用いて研究される．本章では，グロモフ双曲性の擬等長性を示すため，"モースの補題"などを紹介していく．

　五つのルールで楽しい世界を産んだユークリッド幾何学．本章で扱う測地グロモフ双曲空間においては，測地空間であること，つまり任意の2点が測地線（空間における"直線"）で結べるというルールと，グロモフ双曲空間となるための「3角形が細い」というルールのもと，議論を行う．たった二つのルールから導かれる性質の豊かさに触れてほしい．6章にて，タイヒミュラー空間論の次元を数えるために双曲幾何で遊んだ様子との"雰囲気"の類似も楽しんでいただけたら嬉しい．

## 9.1●細い3角形

　5章にて，双曲平面を紹介し，そこでは**3角形は細い**ことを観察した．その命題を復習しておこう．一般に測地距離空間[1]において，2点$x, y$を結ぶ測地線はただ一つとは限らないが，適当に一つを選んでそれを$[x, y]$と書いていた．

以降，特に断らない限り「**3角形**」は**3点を測地線で結んだものを指す**ことと
する．

**命題 9.1**（双曲3角形は細い） 3点 $z_1, z_2, z_3$ を頂点として持つ双曲3角形を考
える．このとき，$\delta = \log(\sqrt{2}+1) \approx 0.88137358701\cdots$ とおくと
$$[z_1, z_2] \subset N_\delta([z_2, z_3]) \cup N_\delta([z_3, z_1])$$
をみたす．ここで $N_\delta(\cdot)$ は $\delta$-近傍である．

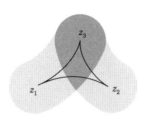

**図 9.1** $[z_1, z_2]$ が近傍の和 $N_\delta([z_2, z_3]) \cup N_\delta([z_3, z_1])$ に含まれている．

　グロモフの慧眼は，この「3角形が細くなること」が，双曲空間のさまざまな
性質を抜き出す本質であることを見抜いた．6章でタイヒミュラー空間の次元
を数えながら，双曲空間の初等幾何で遊んでいたのは，その抜き出された"本
質"に少しでも慣れ親しんでほしかったからだ．

**定義 9.2**（細い3角形） $(X, d)$ を測地距離空間とする．3角形 $\Delta(z_1, z_2, z_3)$ が
**$\delta$-細い**（$\delta$-thin）とは
$$[z_i, z_{i+1}] \subset N_\delta([z_{i+1}, z_{i+2}]) \cup N_\delta([z_{i+2}, z_i])$$
がすべての $i \in \mathbb{Z}/3\mathbb{Z} = \{1, 2, 3\}$ について成り立つことを言う．

　3角形がすべて細いとき，空間は双曲空間と**大域的に**とてもよく似ているこ
とを観察するのが今回の目標だ．

---

1）任意の2点が測地線，つまり距離を実現する線分で結ぶことができる空間．

**定義 9.3**（グロモフ双曲空間(Gromov hyperbolic space)） 測地距離空間 $(X, d)$ は，ある $\delta \geqq 0$ が存在して，その中のすべての3角形が $\delta$-細い3角形となるとき，$\delta$-**グロモフ双曲空間**($\delta$-Gromov hyperbolic space)という．

測地距離空間 $(X, d)$ は，ある $\delta \geqq 0$ が存在して $\delta$-グロモフ双曲空間になるとき，単に**グロモフ双曲空間**という．

慣れてくるとグロモフの名前は省略し単に $\delta$-双曲空間などと言われることもある．また，グロモフ双曲空間は**測地的とは限らない**距離空間に対しても，少しの工夫で定義が可能である．しかし，測地的ではない距離空間においては，いろいろと注意が必要なため，ここでは簡単のため測地的な距離空間のみを扱う．

**例 9.4** 以下の空間はグロモフ双曲空間である．
（1） 直径が有限の空間($\delta$ として空間の直径をとってしまえばよい)．
（2） 1次元ユークリッド空間 $\mathbb{R}$ や，$\{1\}$ を生成系として語による距離を入れた $\mathbb{Z}$ (ここでは "3角形" は直線の上に潰れてしまっている)．
（3） $n$ 次元双曲空間 $\mathbb{H}^n$ やコンパクトな双曲多様体の基本群(閉曲面の基本群など)(ここの事実の証明が本章の主題)．
（4） 木(ループのないグラフ)や，自由群の自由生成系によるケーリーグラフ $C(F(S), S)$ (木において3角形が潰れていることなどについて，次章で詳しくお話しする)．

(1), (2) の例は，なんとなくつまらない感じがする．のちにグロモフ境界を導入しながら定式化するが，(1), (2) の例に現れるグロモフ双曲空間は **elementary** であるという(いい訳語が思いつかない．初等的というよりは "つぶれてしまっている" 感覚である)．

3角形が細いという性質は "負曲率" をとらえる性質であり，曲率0のユークリッド空間では成り立たない．

**命題 9.5** 2次元以上のユークリッド空間はグロモフ双曲空間ではない．

**証明** 3次元以上のユークリッド空間においても，3角形は平面を定める（足が3つの椅子や机はガタガタしない）．したがって，2次元の場合について考えれば十分である．直角2等辺3角形を考えてみよう．長さが $(L, L, L\sqrt{2})$ の直角2等辺3角形の長さ $L\sqrt{2}$ の辺に着目する．すると，その中点 $M$ は残りの2辺からの距離が $L/2$ である（図9.2）．したがって，直角2等辺3角形は辺の長さ $L$ を大きくしていくと，いくらでも"太く"なる． □

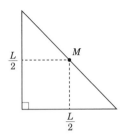

**図 9.2** 辺の長さが $(L, L, L\sqrt{2})$ の直角2等辺3角形

さて，3角形が細いとどのようなことがわかるだろうか．まずは測地線への射影に対応する概念を考える．

以降，特に断らない限り $(X, d)$ は $\delta$-**グロモフ双曲空間**とする．空間 $X$ の点 $p$ と部分集合 $\gamma$ に対して，$d(p, \gamma) := \inf_{x \in \gamma} d(p, x)$ と定義する．

**補題 9.6** $\gamma \subset X$ を測地線とする．任意の $p \in X$ に対して
$$\pi_\gamma(p) := \{x \in \gamma \mid d(p, \gamma) = d(p, x)\}$$
と定める．このとき定数 $D = D(\delta) \geqq 0$[2] が存在して
$$\mathrm{diam}_X(\pi_\gamma(p)) \leqq D$$
が成り立つ．

**証明** まず，点 $p \in X$ を固定する．写像 $d(p, \cdot): \gamma \to \mathbb{R}_{\geqq 0}$ は連続であるため，

---

2）$D = D(\delta)$ という書き方は，「$D$ は $\delta$ のみに依存する定数」の意味．

$\pi_\gamma(p) \neq \emptyset$ がわかる.

ここで $q, q' \in \gamma$ をとる. **以後, 測地線上の2点を取った際, その2点を結ぶ測地線は, 与えられた測地線の上を通ることとする.** つまり, 今の状況では $[q, q'] \subset \gamma$ と仮定する. ここで $d(q, q') > 4\delta$ をみたすとする. このとき, $[q, q']$ の中点 $q''$ は

$$d(q'', q) > 2\delta, \qquad d(q'', q') > 2\delta$$

をみたす. 3角形 $\Delta(p, q, q')$ を考えると, 仮定よりこれは $\delta$-細い. したがって

$$[q, q'] \subset N_\delta([p, q]) \cup N_\delta([p, q'])$$

である. 特に $q'' \in N_\delta([p, q]) \cup N_\delta([p, q'])$ である. 対称性より $q'' \in N_\delta([p, q])$ として一般性を失わない. このとき, ある $p' \in [p, q]$ があって, $d(p', q'') \leq \delta$ となる. 三角不等式より, $d(p', q) > \delta$ がわかる(図9.3). よって, $d(p, q) > d(p, q'')$ となる. つまり, $q$ よりも "近い" 点 $q''$ が見つかる.

今, 長さが最小となる点を探していたので, 対偶を考えると, $q, q' \in \pi_\gamma(p)$ ならば $d(q, q') \leq 4\delta$ である. □

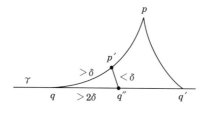

図9.3

僕たちは群を擬等長を法として考えていた. だから, 高々 $4\delta$ ずれる誤差は気にしない. 今後, $\pi_\gamma: X \to \gamma$ は適当に(本当にテキトーに) $\pi_\gamma(\cdot)$ の点を選ぶ形で定義されているとする. こんな "いいかげん"(もちろん数学的には厳密)な議論を続けていくのが, 擬等長を法とする理論の本質である.

僕だけの感覚かもしれないが, 補題6はうだうだ議論が書いてある割に, 理解すると難しいことはほとんどないことがわかる. グロモフ双曲空間における議論は, 「やってみれば簡単」なことが多いので, ぜひ自分で絵を描いたりして再構成してみてほしい.

さあさあ，グロモフ双曲空間で遊ぼう．

**補題 9.7**　測地線 $\gamma$ と任意の点 $p \in X$，さらに $\gamma$ 上の点 $q \in \gamma$ を考える．このとき，測地線 $[p, q]$ と点 $\pi_\gamma(p) \in \gamma$ の距離は
$$d([p, q], \pi_\gamma(p)) < 3\delta$$
をみたす．

**証明**　3角形 $\Delta(p, \pi_\gamma(p), q)$ を考える．$\delta$-双曲性より，測地線 $[p, q]$ は
$$[p, q] \subset N_\delta([p, \pi_\gamma(p)]) \cup N_\delta([\pi_\gamma(p), q])$$
をみたす．特に $N_\delta$ は開近傍なので点 $p' \in [p, q]$ で $p' \in N_\delta([p, \pi_\gamma(p)]) \cap N_\delta([\pi_\gamma(p), q])$ となるものが存在する．三角不等式より，$d(\pi_{[p, \pi_\gamma(p)]}(p'), \pi_\gamma(p)) < 2\delta$ がわかる．したがって $d(\pi_\gamma(p), p') < 3\delta$ である（図 9.4）．□

つまり測地線 $[p, q]$ は $\pi_\gamma(p)$ の近くを通る．

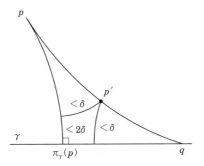

**図 9.4**　直角の記号は「最短測地線」という意味で使っており，グロモフ双曲空間においては角度は定義されないことに注意．

そろそろ一つの目標を述べておこう．区間 $[s, t]$ から $X$ への擬等長写像 $\eta$，つまり定数 $c \geqq 1$，$b \geqq 0$ が存在して，任意の $x, y \in [s, t]$ に対して
$$\frac{1}{c} \cdot |x - y| - b \leqq d(\eta(x), \eta(y)) \leqq c \cdot |x - y| + b$$

が成り立つ $\eta: [s, t] \to X$ を $(c, b)$-擬測地線というのであった. また線分 $\gamma$ の始点を $\gamma_-$, 終点を $\gamma_+$ と書いていた.

**命題 9.8**(モース(Morse)の補題) $\gamma$ を $(c, b)$-擬測地線とする. このとき, 定数 $C = C(c, b, \delta) > 0$ が存在して $\gamma \subset N_C([\gamma_-, \gamma_+])$, $[\gamma_-, \gamma_+] \subset N_C(\gamma)$ が成り立つ.

まずは補題 9.6 の 4 角形版を考える.

**補題 9.9** 2 点 $x, y \in X$ と測地線 $\gamma$ を考える. 記号を簡単にするため $\pi := \pi_\gamma$ とする. このとき
$$d(\pi(x), \pi(y)) \leqq d(x, y) + 8\delta$$
である.

**証明** 補題 9.7 より, 点 $p \in [x, \pi(y)]$ で $d(p, \pi(x)) < 3\delta$ をみたすものが存在する. このとき 3 角形 $\Delta(x, \pi(y), y)$ を考えると, $\delta$-双曲性より

- $p \in N_\delta([y, \pi(y)])$
- $p \in N_\delta([x, y])$

の 2 通りを考えればよい(図 9.5). 一つ目の $p \in N_\delta([y, \pi(y)])$ のときは, $\pi(x), p, \pi_{[y, \pi(y)]}(p), \pi(y)$ の順に辿る道を考える. $[y, \pi(y)]$ は $y$ と $\gamma$ を結ぶ最短測地線なので
$$d(\pi_{[y, \pi(y)]}(p), \pi(y)) \leqq d(p, \pi(x)) + \delta \leqq 4\delta$$
であり, 三角不等式より $d(\pi(x), \pi(y)) \leqq 8\delta$ となり, 結論をえる.

つぎに $p \in N_\delta([x, y])$ とする. このとき $p_x := \pi_{[x, y]}(\pi(x))$ とすると $d(p_x, \pi(x)) \leqq 4\delta$ となる. これまでの議論を, もう一方の対角線 $[y, \pi(x)]$ に対して行うことで, $p_y := \pi_{[x, y]}(\pi(y))$ が $d(p_y, \pi(y)) \leqq 4\delta$ をみたすとしてよい. このとき
$$d(\pi(x), \pi(y)) \leqq d(p_x, p_y) + 4\delta + 4\delta \leqq d(x, y) + 8\delta$$

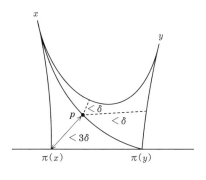

図 9.5

である. □

測地線への射影がいつでも距離を縮める性質（繰り返すが有限の誤差は気に
しない）は，"負曲率" 空間の大事な性質でありさまざまな研究がある.

さて，命題 9.8 を示すにあたっては擬測地線が連続であった方が議論に便利
である.

**補題 9.10** 任意の擬測地線 $\gamma$ に対して連続な擬測地線 $\gamma'$ が存在し，
$$\gamma' \subset N_C(\gamma), \qquad \gamma \subset N_C(\gamma')$$
をみたす. ここで $C$ は $\delta$ と擬測地線の定数のみに依存する.

**証明** 擬測地線 $\gamma \colon [a,b] \to X$ に対して，$I := [a,b] \cap \mathbb{Z}$ とする. このとき $\gamma_- \cup$
$\gamma(I) \cup \gamma_+$ をパラメータの順番に結ぶと，それが求める擬測地線となる（詳細は
省略）.（参考文献 [1, Lem 7.2.15] 参照.） □

命題 9.8 の証明のために，もう少し準備をする. 次の補題の証明はとても楽
しい.

**補題 9.11** $(X,d)$ を $\delta$-グロモフ双曲空間とする. 任意の連続な曲線 $\gamma \colon [0,L]$
$\to X$ に対して，測地線 $\gamma' := [\gamma_-, \gamma_+]$ は次をみたす. 任意の $t \in [0,L]$ に対して

$$d(\gamma'(t), \gamma) \leqq \delta \cdot \lceil \log_2(L_X(\gamma)) \rceil + 1.$$

ここで，実数 $a$ に対して，$\lceil a \rceil := \min\{z \in \mathbb{Z} \mid z \geqq a\}$ である．例えば $\lceil 3.14 \rceil = 4$ である．また，$L_X(\gamma)$ は $\gamma$ の長さで，

$$L_X(\gamma) := \sup\left\{\sum_{j=0}^{k-1} d(\gamma(t_j), \gamma(t_{j+1})) \,\Big|\, 0 = t_0 \leqq t_1 \leqq \cdots t_{k-1} \leqq t_k = L\right\}$$

で定義される．ここで sup は $0 = t_0 \leqq t_1 \leqq \cdots t_{k-1} \leqq t_k = L$ となる分割 $t_1, \cdots, t_k$（$k$ はいくらでも大きくしてよい）全体に対してとる．

**証明** 自然数 $N$ を

$$\frac{L_X(\gamma)}{2^{N+1}} \leqq 1 < \frac{L_X(\gamma)}{2^N} \tag{9.1}$$

をみたすようにとる．これは

$$N < \log_2(L_X(\gamma)) \leqq N+1$$

と同値であり，このとき $\lceil \log_2(L_X(\gamma)) \rceil = N+1$ である．はじめに三角形 $\Delta(\gamma_-, \gamma(L/2), \gamma_+)$ を考える．グロモフ双曲性により，$[\gamma_-, \gamma(L/2)]$，もしくは $[\gamma_+, \gamma(L/2)]$ と $\gamma'(t)$ の距離は $\delta$ 以下である．一般性を失わずに $d(\gamma'(t), [\gamma_-, \gamma(L/2)]) \leqq \delta$ でその距離は $x_1 \in [\gamma_-, \gamma(L/2)]$ で実現されるとして良い．この議論を $N+1$ 回繰り返す（図 9.6）．

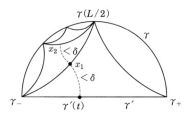

**図 9.6** $\gamma$ をどんどん 2 等分していく．

すると，$x_{N+1}$ が乗っている辺の長さは式 (9.1) より 1 以下である．したがって，高々 1 移動すれば $\gamma$ に到達できる．よって

$$d(\gamma'(t), \gamma) \leqq (N+1)\delta + 1 = \delta \cdot \lceil \log_2(L_X(\gamma)) \rceil + 1$$

を得る. □

　さあ，モースの補題を証明しよう.

**命題 9.8 の証明**　$\gamma' := [\gamma_-, \gamma_+]$ とする. 補題 9.10 により，$\gamma$ は連続と仮定して良い. このとき，$\gamma$ は $(c, b)$-擬測地線なので，

$$L_X(\gamma|_{[r,s]}) \leq c \cdot d(\gamma(r), \gamma(s)) + b$$

が任意の $r, s \in [0, L]$ に対して成り立つ.

　最初に，$\gamma' \subset N_\Delta(\gamma)$ をとなる $\Delta$ を $c, b, \delta$ で決まる定数で評価しよう. ここで

$$\Delta := \sup\{d(\gamma'(t'), \gamma) \mid t' \in [0, L']\}$$

である. いま，$\gamma, \gamma'$ は連続なので，$\Delta$ はある $t' \in [0, L']$ において $\Delta = d(\gamma'(t'), \gamma)$ となる. 点 $\gamma'(r')$ と $\gamma'(s')$ を

$$r' := \max(0, t' - 2\Delta), \qquad s' := \min(L', t' + 2\Delta)$$

として選ぶ. $\Delta$ の定義により，

$$d(\gamma(r), \gamma'(r')) \leq \Delta, d(\gamma(s), \gamma'(s')) \leq \Delta$$

となる $r, s \in [0, L]$ が存在する. ここで，$\gamma'(r')$ からスタートし，図 9.7 の破線で描かれた測地線に沿って $\gamma(r)$ へ行き，$\gamma$ 上を $\gamma(s)$ へ移動し，最後に測地線に沿って $\gamma'(s')$ へ行く道 $\gamma''$ を考える. すると補題 1 により，

$$\Delta \leq d(\gamma'(t'), \gamma'') \leq \delta \cdot \lceil \log_2 L_X(\gamma'') \rceil + 1$$

となる. ここで $\gamma$ は $(c, b)$-擬測地線であり，$d(\gamma(r), \gamma(s)) < 6\Delta$ なので

$$L_X(\gamma'') \leq L_X(\gamma|_{[r,s]}) + 2\Delta \leq c(6\Delta) + b + 2\Delta$$

より，

$$\Delta \leq \delta \lceil \log_2((6c+2)\Delta + b) \rceil + 1$$

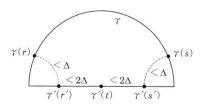

図 9.7

となる。$\log_2$ は線形関数より増大度が小さいので $\Delta$ に対して $c, b, \delta$ で決まる上限がえられる。

次に、

$$\sup_{t \in [0,L]} d(\gamma(t), \gamma')$$

を求める。アイデアとしては $N_\Delta(\gamma')$ を考え、$\gamma$ の大部分が含まれること、そして $\gamma \setminus N_\Delta(\gamma')$ があまり大きくないことを示す方針で議論を進める。いま $(r, s) \subset [0, L]$ を

$$\gamma((r, s)) \subset \gamma \setminus N_\Delta(\gamma')$$

をみたす、極大の区間とする。このとき、$\Delta$ の選び方より任意の $x' \in \gamma'$ に対して、ある $p_{x'} \in \gamma$ が存在して $d(x, p_x) < \Delta$ となる。ここで $r, s$ の選び方により、$p_{x'} = \gamma(u)$ となる $u$ は $u < r$ もしくは $u > s$ をみたす。このとき、$\gamma$ は連続なので、区間 $\gamma(r, s)$ は $\gamma'$ を二つに分割する。

$$\gamma'_r := \{x' \in \gamma' \mid \exists u < r, \ p_{x'} = \gamma(u)\}$$
$$\gamma'_s := \{x' \in \gamma' \mid \exists u > s, \ p_{x'} = \gamma(u)\}$$

と定める。すると $\gamma'_r, \gamma'_s$ は条件 $u < r$ や $u > s$ で定義されているので開集合になる。いま、$\gamma'$ は連結なので、$\gamma'_r \cap \gamma'_s \neq \emptyset$ である。したがって、$r' \leq r$ と $s' \geq s$、そして $t' \in [0, L']$ が存在して

$$d(\gamma'(t'), \gamma(r')) \leq \Delta, \quad d(\gamma'(t'), \gamma(s')) \leq \Delta$$

となるようにできる（図 9.8）。すると

$$L_x(\gamma|_{[r,s]}) \leq L_x(\gamma|_{[r',s']}) \leq c \cdot d(\gamma(r'), \gamma(s')) + b \leq 2c\Delta + b$$

となる。したがって

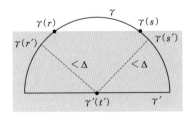

**図 9.8** 灰色部分は $\gamma'$ の $\Delta$ 近傍.

$$\gamma([r, s]) \subset N_{\Delta + 2c\Delta + b}(\gamma')$$

となる．他の $\gamma \setminus N_\Delta(\gamma')$ の極大区間に関しても同様の議論が適用でき，

$$\gamma \subset N_{\Delta + 2c\Delta + b}(\gamma')$$

が言える． □

## 9.2●擬等長写像不変性

モースの補題の重要な帰結が，測地距離空間のグロモフ双曲性の擬等長不変性である．

**定理 9.12** $(Y, d_Y)$ を測地距離空間とし，$(X, d_X)$ をグロモフ双曲空間とする．このとき，擬等長埋め込み $f: Y \to X$ が存在すれば，$Y$ もグロモフ双曲空間となる．

**証明** $Y$ の測地線は $f$ により $X$ の擬測地線へ写る．したがって $Y$ の3角形 $\Delta$ は，$f$ で $X$ 上で各辺が擬測地線の3角形へ写る．モースの補題（補題 9.8）より $f(\Delta)$ の各辺は，測地線の近傍に入っている．したがって，$X$ の双曲性により $f(\Delta)$ も細いことが従う．この細さは擬等長写像で引き戻すことができる．出てくる定数は各ステップで大きくなるが，すべて統一的に評価することができるため結論を得る． □

グロモフ双曲性が擬等長不変な性質であることがわかった．したがって，有限生成群に対してグロモフ双曲性を自然に定義することができる．

**定義 9.13** 有限生成群 $G$ はある有限生成系 $S$ に関するケーリーグラフ $C(G, S)$ がグロモフ双曲空間になるとき，**グロモフ双曲群**(Gromov hyperbolic group)という．

グロモフ双曲性の定義はとても簡単であり，そこからさまざまな理論が広がる．グロモフ双曲性の唯一の（?）弱点はその擬等長不変性，つまり定理 9.12 の

証明に少し手間がかかることである. なんとかその証明を1つの章に収めることができた.

8章でスバーク–ミルナーの補題を用いて, 普遍被覆の幾何と基本群のケーリーグラフが擬等長になることを見た. 特に, 双曲多様体に関して次が成り立つ.

**命題 9.14** コンパクトで境界のない $n$ 次元双曲多様体 $M$ の基本群 $\pi_1(M)$ は, $\mathbb{H}^n$ ($n$ 次元双曲空間)に擬等長である. 特に, $\pi_1(M)$ はグロモフ双曲性を持つ.

これで例 9.4 の(3)がようやく説明できた. 双曲多様体において成り立つ現象を "お手本" にすると, しばしばグロモフ双曲空間に同様の現象が観測される.

本章ではグロモフ双曲性が擬等長不変であることを示し，その帰結としてグロモフ双曲群を定義した．これらは「双曲幾何を持つ群」とみなせる．群がグロモフ双曲性を持つと何がわかるのだろうか？　「幾何学的群論」は群の幾何を用いて群を研究する．擬等長で不変な"無限の彼方から"捉えられるグロモフ双曲性が，群のどのような性質を導くのか．これからグロモフ双曲群の性質について述べていく．次章は，グロモフ双曲空間の感覚を摑むために，4章における葉っぱの幾何への考察を，グロモフ双曲性の観点から見直してみようと思う．

**参考文献**

［1］Clara Löh, "Geometric group theory", Springer, 2017.

# 第10章
# グロモフ双曲空間の応用？
## 智はまるいか？

## 10.1●グロモフ双曲空間

　9章において，グロモフ双曲空間を「任意の3角形が"細い"空間」として定義した．そして，8章で紹介した有限の誤差を無視して無限の彼方から眺める擬等長写像で，グロモフ双曲性が保たれることをみた．有限生成群の任意の有限生成系に関するケーリーグラフが互いに擬等長になることに注意すると，「グロモフ双曲性を持つ群」をケーリーグラフのグロモフ双曲性で定義することができる．そのような群をグロモフ双曲群，あるいは単に双曲群と呼ぶ．グロモフ双曲空間を定義するのに用いた「細い3角形」を復習しておこう．図10.1のように一辺が残りの2辺の$\delta$-近傍に含まれているとき，3角形は$\delta$-細いと言った．空間はある$\delta \geqq 0$が存在して，任意の3角形が$\delta$-細いとき，$\delta$-グロモフ双曲空間と呼ばれる．しばしば定数$\delta$は省略して，なにかしらの$\delta$に対

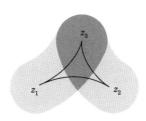

図 10.1　$[z_1, z_2]$が近傍の和$N_\delta([z_2, z_3]) \cup N_\delta([z_3, z_1])$に含まれている．

して $\delta$-グロモフ双曲空間となる空間を単にグロモフ双曲空間という．本章ではグロモフ双曲空間の性質やその特徴を理解するために例を紹介したり，少し世間を見渡して僕の個人的な感覚をお話ししたりしてみたい．後半はともすると "感想文" の域を出ないかもしれないが，少し読者の皆さんに問いかけをしたい．

## 10.2●語の問題

双曲群は "双曲幾何" を持つ群である．そして，幾何学的群論は群の幾何を用いて，その性質を研究する分野だ．双曲群の幾何を用いて理解できる性質の例として，語の問題（word problem）をここでは取り扱いたい．語は自由群の定義の説明と一緒に 7 章で出てきたが簡単に復習しよう．

**定義 10.1**　集合 $S$ に対して $S^{-1} := \{s^{-1} \mid s \in S\}$ とする．ここで $\mathbb{N}_0 := \mathbb{N} \cup \{0\}$ とする．

$$(S \cup S^{-1})^* := \bigsqcup_{n \in \mathbb{N}_0} (S \cup S^{-1})^n$$

は $S$ と $S^{-1}$ の元による有限列の集合である．$(S \cup S^{-1})^*$ の元を $S$ 上の**語**（word）という．

各 $s_i$ に対し，$s_i s_i^{-1} \sim s_i^{-1} s_i \sim \emptyset$（空の語）と定めて得られる同値関係で割ることで自由群 $F(S) := (S \cup S^{-1})^*/\sim$ が得られるのであった．単純に見えて少し議論がいる事実だが，次が成り立っている．自由群 $F(S)$ において，語が $w = s_1 \cdots s_n$ が単位元 id を表すのは，隣り合う文字 $s_i$ と $s_{i+1}$ で $s_i^{-1} = s_{i+1}$ となるペアをすべて取り除く操作で id が得られるときに限る．自由群においては，語が id になるかどうかは，有限回の操作で判別できるのである．より一般に，有限表示群 $\langle S \mid R \rangle$（自由群 $F(S)$ を関係式 $R$ で生成される正規部分群で割った群，7 章参照）が与えられたとき，語の問題は次のように定式化される．

**定義 10.2**（語の問題が解ける群（solvable word problem））　有限表示群 $G = \langle S \mid R \rangle$ の**語の問題が解ける**とは，任意の語 $w = s_1 \cdots s_n$ $(s_i \in S \cup S^{-1})$ に対して，$w$ が群 $G$ の中で id と一致するかを決定するアルゴリズムが存在することをいう.

「アルゴリズムが存在する」というのは，有限回からなる，"コンピュータにわかる"手順が存在することである. あとで少し議論するように，コンピュータはとても賢くなったが，ここでは「計算の手順が明示的に指定できる」の意味である. 語の問題が解ける群においては，2 つの語 $w_1$ と $w_2$ に対して，$w_1^{-1} w_2$ が id か否かをチェックできるので，$w_1$ と $w_2$ が一致するか否かを判定することができる. ざっくりではあるが，自由群では語の問題が解けることは上の説明でわかる. しかしながら次の事実が知られている.

**定理 10.3**　語の問題が解けない有限表示群が存在する.

定理 10.3 の証明などは本書の範囲から外れてしまうので省略する. 日本語の文献がなかなか見つからなかったので，気になる人は英語で「solvable word problem」を調べてみてほしい.

さて，すべての群の語の問題が必ずしも解けるわけではないことがわかると，どのような群の語の問題が解けるか？ というのは自然な問題設定となる. 双曲群に対して次が成り立つことを，グロモフは観察した.

**定理 10.4**　有限生成双曲群の語の問題は解ける.

定理 10.4 は群の幾何，つまりグロモフ双曲性が群の性質を導く，"幾何学的群論らしい"主張である. シンプルな議論なので，その概略を紹介する. 語の問題を解く際には，次のデーン表現を用いるのが便利である.

**定義 10.5**　群 $G$ の有限表示 $\langle s_1, \cdots, s_n \mid r_1, \cdots, r_m \rangle$ が**デーン表示**（Dehn presentation）であるとは，次の性質が成り立つことをいう.
- 各 $r_i$ はある語 $u_i, v_i$ によって $r_i = u_i v_i^{-1}$ と書ける.

- 各 $i$ において，$v_i$ の語の長さは $u_i$ より短い．
- 群 $G$ において id に対応する任意の語 $w$ は，$s_i s_i^{-1}, s_i^{-1} s_i$ を消す，または $u_i$（もしくは $u_i^{-1}$）を $v_i$（もしくは $v_i^{-1}$）に置き換える操作を繰り返すことで $\emptyset$（空の語）に写る．

3つ目の性質により，群 $G$ はデーン表示を持てば語の問題が解けることがわかる（$s_i, r_i$ は全部で有限個であることに注意しよう）．

有限生成 $\delta$-双曲群 $G$ に対して，次の表示を考える．$G$ の有限生成系 $S_G$ を一つ固定する．このとき，語 $w \in (S_G \cup S_G^{-1})^*$ に対して，対応する $G$ の元を $\pi(w)$ と書き，$d_S$ でケーリーグラフ $C(G, S_G)$ 上の距離を表すことにする（$G$ とケーリーグラフの頂点集合は同一視する）．定数 $D := 8\delta$ に対して，

$$R_G := \{uv^{-1} \mid u, v \text{ は語, } |u| \le D,\ |u| > d_S(\mathrm{id}, \pi(u)),\ \pi(u) = \pi(v),$$
$$|v| = d_S(\mathrm{id}, \pi(u))\}$$

とする．条件がいろいろと書いてあるが，簡単にいうと冗長な語 $u$ を測地線に対応する語 $v$ に置き換えるための集合である．すると次が成り立つ．

**命題 10.6** 有限生成双曲群 $G$ の表示 $\langle S_G \mid R_G \rangle$ はデーン表示である．特に，有限生成双曲群は有限表示可能である．

ここで，$R_G$ の定義の仕方から，デーン表示の最初の2つの条件は既に満たされていることに注意しよう．また，$R_G$ が有限であることは，長さが $D$ 以下の語が有限個であることから従う．命題 10.6 の証明の肝は次のショートカット補題である．

**補題 10.7**（ショートカット補題．参考文献[1, Lem 7.4.9]参照）　有限生成 $\delta$-双曲群 $G$ の有限生成系 $S_G$ を固定する．このとき，任意の $\pi(w) = \mathrm{id}$ となる語 $w$ に対して，部分語 $w' \subset w$ で

- $|w'| \le 8\delta$
- $w'$ は測地線に対応しない

となるものが必ず存在する．

ショートカット補題を認めると，$R_G$ がデーン表示の３つ目の条件を満たすことがわかる．つまり，任意の語 $w$ で $\pi(w)$ となるものに対して，ショートカット補題の $w'$ を測地線 $v$ に置き換える $w'v^{-1}$ が $R_G$ の元となっている．ショートカット補題の証明は，概要だけにとどめる．もし，$w$ において，長さ $8\delta$ 以下の部分語がすべて測地線に対応しているとする．すると，$w$ を長さ $8\delta$ の語 $w_1, w_2, \cdots$ を用いて $w = w_1 w_2 \cdots$ と書ける．測地線に対応する語 $v$ で $\pi(v) = \pi(w_1 w_2)$ を選ぶと，$v, w_1, w_2$ を用いて測地３角形 $\Delta$ ができる．この $\Delta$ は双曲性より $\delta$-細い．詳細は省略するが，$\Delta$ が細いことと，長さ $8\delta$ 以下の部分語が測地線という仮定により $w_1 w_2$ は擬測地線であることがわかる．このステップを繰り返すことにより，結局 $w$ が擬測地線に対応することがわかり，$\pi(w) \neq \mathrm{id}$（より正確には $d_S(\mathrm{id}, \pi(w)) > 0$）がわかる．これはショートカット補題の対偶であり，証明ができる．

ショートカット補題の肝は，３角形の細さにある．単位元 id に対応する語 $w$ は，言うなれば寄り道である．グロモフ双曲空間では３角形が細いがために，一つの道を進むと，効率の良い帰り道としては，来た道をそのまま戻る「バックトラック」しか存在しない．バックトラックは「行って戻る道」なので，そのまま消してしまえばショートカットになる．バックトラックなどについては 10.4 節でより感覚的に紹介する．

グロモフ双曲群においては，語の問題が解けるのみならず，その解き方（デーン表現の作り方）が，アルゴリズムとしてよくわかる．ここに，計算機との相性の良さが見て取れる（10.5 節を読むときに思い出してもらえるとよいかもしれない）．

## 10.3 ● ランダム群はグロモフ双曲的

少し視点を変えて「グロモフ双曲群はどれくらいあるのか？」という問題を考えたい．これまたグロモフが考え始めた問題[1]「ランダム群がいつ，グロモ

---

1）論文タイトルは「Random walks on random groups（ランダム群上のランダムウォーク）」，やりたい放題である．

フ双曲群になるか」について紹介することで，どのような群が双曲群になるか
の雰囲気をお伝えしたい.

**定義 10.8**（密度 $D$ のランダム群）　密度 $0 < D < 1$ と自然数 $k, n \geqq 2$ を固定する．このとき，（$k$ 元生成，長さ $n$ の）**密度 $D$ のランダム群**(random groups of density $D$)は次のように定義される．$S = \{x_1, x_2, \cdots, x_k\}$ を生成系とする．群の表示 $\langle S \mid r_1, \cdots, r_\ell \rangle$ を考える．ここで $\ell = (2k-1)^{Dn}$ であり，各 $r_i \in (S \cup S^{-1})^n$ は長さ $n$ の既約語（$x_i$ と $x_i^{-1}$ が連続して現れない語，自明に長さを短くできない語といってもよい）である．長さ $n$ の既約語は全部で $(2k-1)^n$ 個あるが，その中から $\ell = (2k-1)^{Dn}$ 個の語を（一様分布に従い）ランダムに選んで得られる群をランダム群という．

　ここで $k$ を固定して，$n$ を大きくすることを考える．群の性質 $P$（例えば「グロモフ双曲的」や「有限群になる」など）を考える．$P$ の振る舞いは密度 $D$ によって変わる．語の長さ $n$ が無限大に発散するとき，密度 $D$ のランダム群が $P$ を持つ確率が 1 に近づくなら，**大多数の密度 $D$ のランダム群は $P$ である**（英語だと「random group is $P$ with overwhelming probability」）という．次の事実がグロモフによって示された．

**定理 10.9**（グロモフ）　密度 $0 < D < 1$ が

- $D > 1/2$ のとき，大多数の密度 $D$ のランダム群は自明群か $\mathbb{Z}/2\mathbb{Z}$ である．
- $D < 1/2$ のとき，大多数の密度 $D$ のランダム群はグロモフ双曲群である．

　さて，定理 10.9 の意味合いについて考えてみよう．関係式 $r_i$ は何をするのだろうか？　自由群のケーリーグラフ（少し横着して $F$ とおく）は木であったことを思い出そう．ループのないグラフだ．一つ関係式 $r_i$ があると，そのケーリーグラフは，$F$ の語 $r_i$ に対応する元と id を同一視する．言い換えると，$r_i$ ごとに新しいループが生まれる．さらに，関係式たちが生成する正規部分群で割ることをケーリーグラフの言葉に言い換えると，$F$ の各頂点 $v$ から出発して $r_i$ を追いかけた先を $v$ と同一視することになる．そのため，例えば $D = 1$ として，

すべての長さ $n$ の語を関係式に入れてしまうと群は自明群になってしまう．

　さて，ランダム群において $F$ の各頂点をどれくらいの密度で"つなげるか"を表すのが $D$ である．定理 10.9 からわかることは，$D > 1/2$ だと"つなげすぎ"で群が潰れてしまう．群が潰れるということは，幾何的にいうと空間がまるくなることに対応している．例えば，ポアンカレ予想は「基本群が自明な 3 次元閉多様体は球面である」という予想であった（ペレルマンによって解決されて今では定理である）．つながりが豊かな空間はまるいのである．一方で定理 10.9 によると，$D < 1/2$ になると状況は一変する．$F$ の各頂点を密度 1/2 より真に小さい頻度でつなげると，群はグロモフ双曲性を保つ．とくに無限群である．次の節では，"つながり"が粗（「そ」とよむ，英語だと sparse）な空間と双曲性についてより身近な例を用いて考えてみる．

　ちなみに，定理 10.9 では 1/2 を境に，状況が劇的に変わる．ランダムな現象を考えるとしばしば現れる現象で，物理の言葉を用いて相転移（phase transition）と呼ばれている．相転移の例を一つ挙げるならば，水の温度が 100 度を超えると「突然」，状態が「液体」から「気体」に変わることなどがある．密度が 1/2 を超えると，突然ランダム群は無限グロモフ双曲群から有限群に変わる．つながりの密度がグロモフ双曲群の理解に大切なのである．

## 10.4●よろづのことに双曲幾何

　ここから先は数学的に厳密な議論というよりは，グロモフ双曲性の雰囲気をお伝えするために，僕が勝手に考えた話と思っていただけると嬉しい．4 章にて葉っぱの双曲幾何学を紹介したのを覚えているだろうか？　双曲幾何，負曲率の幾何は鞍点に代表されるように，縦方向に山，横方向に谷となっているような幾何である．世の中の葉っぱを眺めてみると，その多くは双曲幾何学を持ち，その由来は葉脈にあるという話をした．葉脈は，数学用語でいうと木（紛らわしい），つまりループのないグラフとなっていることが多い．この木の上で 3 角形を描いてみよう．木の上の 3 角形は図 10.2（余計な情報がついているがそれは後で説明する）のようになり，いつでも一点から伸びる 3 本の線（この形はトライポッドと呼ばれる）になる．トライポッドの場合，どの辺も残りの 2 辺

に真に含まれており，0-細い3角形となる．3角形の細さを表す定数が0で，木の上の3角形はどれも，めいっぱい細い．そのため，木は強い双曲性を持つ（"強い"の感覚は人によるが，今回のお話の意味で強いと言っており，業界で共有される言葉使いでないことに注意しておく）．手始めにこの0-細い3角形の幾何の雰囲気を，僕の実体験から説明したい．

　日本地図に距離を入れる方法を考えてみよう．安直なのは，"実際の距離"を入れる方法だ．実測距離を適切な縮尺で描けば，僕らのよく知っている日本地図が得られる（実際には地球はまるいので，平面地図は多少歪んでいる）．そのほかに"時間距離"，2点の距離を「現実で移動した際にかかる時間」で定める方法も考えられる．こちらも距離になるが，これは正しく平面に描くことができない．局所的にではあるが双曲性を持つからである．

　むかしむかし，そのまた大昔．テーマを定めて数学者を集め，数学を議論する「研究集会」が各地で行われていた[2]．研究者は互いの研究を持ち寄り発表をする．休み時間は発表についての議論を行い，議論は集会後もしばしばお酒を交えながら続いた．秋田で行われた研究集会に参加した僕は，その後友人の結婚式のために旭川に向かう予定だった．その予定を立てるのに，経路検索をして驚いたのだが，秋田から旭川へ最速で向かう方法は飛行機で一度，羽田へ飛ぶことであった．

**図 10.2** トライポッド

2）連載当時2021年は多くの移動が禁じられていた．

3角形にするために，よく出張で訪ねていた広島も加えて状況を描いたのが図 10.2 である．実際の移動時間は飛行機の運行時刻のタイミングによるが，「乗車時間」で比べれば，秋田，旭川，広島，どの 2 点を結ぶのにも羽田空港を経由するのが一番早い．そして，これが"双曲空間"の性質をよく表している．双曲空間においては図 10.1 でみたように，3角形は細い．そして最も細い 3 角形が図 10.2 のトライポッドである．3角形が細いということは，次のように言い換えることができる．スタート地点 $S$ からどこかの場所 $A$ へ向かい，そこから十分離れた場所 $B$ へと向かうとしよう．このとき，$A$ から $B$ へ向かう一番効率の良い道は，ひとまず $S$ から $A$ へ向かった道をそのまま戻る「バックトラック（backtrack）」を辿る道である．端的に言うと"一番良い経路はいつでもバックトラック"であるとき，空間は双曲性を持つ．これがグロモフ双曲性が捉える性質である[3]．語の問題を解くのに紹介したショートカット補題はこの性質を使っている．

　では，この双曲性はどのようにしたら"壊れる"か．簡単である．秋田，旭川，広島の例ならば，秋田と旭川など各点を結ぶ直行便があればよい．グラフの言葉に直せば，図 10.2 の各頂点を辺で結んでしまえばよい．バックトラックを辿る必要がなくなり，3角形は"細さ"を失う．双曲性を持つ空間における 3 角形は頂点同士のつながりが薄いとも言える．

　ここで話を葉っぱの幾何に戻そう．葉脈が木の形をしており，強く双曲的であるので，それを乗せる平面として，葉っぱは双曲幾何を持つと，僕は理解している．葉っぱの幾何については 4 章で，そこで大切であった双曲幾何について詳しいことは 5 章で紹介した．実はあのとき僕は「都合の悪い発見」を隠していた．

　図 10.3 の紫陽花の葉っぱを見てほしい．丸みを帯びているのがわかるだろうか？　まるいというのは曲率が正ということであり，曲率が負の双曲幾何とある意味で対極の幾何だ．どうしてこのようなことが起こるのか？　紫陽花の葉っぱを大きく写したのが図 10.4 だ．葉脈に注目してみると，（数学用語の）

---

　3）この表現は僕のオリジナルではなく，研究集会で人々がそう話しているのを聞いてなるほどと思ったものである．

**図 10.3** 紫陽花.

**図 10.4** 紫陽花の葉脈.

木のような，太い脈だけでなく，（人間で言うと毛細血管のような）細い脈が，葉っぱをみっちり埋め尽くしていることがわかる．この状態は上の旅の例だと，旭川から秋田へなど，多数の"直行便"がある状態となる．直行便が増えると，空間はだんだんと丸みを帯びてくる．ランダムな群は"直行便"の密度によって，まるいか，双曲的になるかが決まるというのが定理 10.9 だ．葉脈が"まるく"なると，葉脈を乗せる葉っぱもまるくなるようだ．

　お散歩をしながらさまざまな葉っぱを眺めてみると，葉脈がしっかりと"木"

（繰り返すが，グラフ理論でいうところの木）の形をしているとき，葉っぱは負曲率に曲がったり，曲率に耐えかねて裂けたりする（もみじなど）ことがわかる．葉っぱの曲率と，葉脈上の3角形の細さの関係に着目しながら，公園などを歩くととても楽しい（僕だけ？）のでおすすめである．

## 10.5 ● 機械学習と双曲幾何——智はまるいか

3角形の細さで捉えられる葉脈の幾何と，「葉脈を乗せる空間」としての葉っぱの幾何の関係について話をした．近年，人工知能（AI）や機械学習が大きな注目を集めている．2015年10月にAlphaGoが囲碁のトッププロを破ったことは，囲碁や機械学習の専門家のみならず，多くの人々に「人間とコンピュータの頭脳」について考えるきっかけを与えた．僕はただの囲碁が好きな数学者であるので，機械学習やその仕組みの深いところはわからない．それでも，グロモフ双曲空間を通した視点で，少しだけ機械学習についてお話ししたい．

機械学習が大きく発展した要因の一つに，深層学習の理論がある．深層学習は人間の脳の神経回路を模倣した理論で，議論の中で"ニューロン"や"活性化"などの脳科学の言葉が飛び交う．一つ一つがいくつかのニューロンのつながりで構成され，幾重にも重なる（この重なりが"深"い）レイヤー（"層"）からなるネットワークの上で"関数"を運ばせる．その関数とネットワークそのものの構造を自在に変化させながら，全体として最適な"評価関数"となるように学習をさせると，相性の良い問題（手書き数字の認識，囲碁，将棋など）に関して，非常に有用な道具となる．一つ一つのニューロンには役割があり，例えば手書き数字の認識などにおいて，ニューロンをよくみると，その上の関数と合わせてそれぞれが数字の形の特徴（「1は真っ直ぐ」や「1は最初に短い角を持つ」など）を捉えていることがわかる，らしい．ニューロン一つ一つが，小さな「知」となり，それらが複雑に関係しあって「知能」ができている．ニューロンたちからなるネットワークを，ニューラルネットワークという．

ネットワークの全体像を理解するのに，ネットワークを上手に，空間になるべく"ゆがみ"を増やさずに，埋め込むことが大事だ．最近，このニューラルネットワークを双曲空間に埋め込むと，ユークリッド空間に埋め込むより必要な

次元が小さくなることが発見され，「機械学習と双曲空間」が流行していると聞く．葉脈を乗せる葉っぱの幾何を思い出す．それは，葉脈が葉っぱに埋め込まれている様子でもある．葉脈の上の3角形が細いとき，葉っぱは"双曲幾何"を持つのであった．そして3角形が細いという性質で，グロモフは双曲幾何の本質を摑めることを見抜き，グロモフ双曲空間が生まれた．3角形が細い空間を乗せるのに，双曲空間が相性が良いことは，グロモフ双曲空間がたしかに双曲性を捉えていることを教えてくれる．逆に，ニューラルネットワークを双曲空間に埋め込むと効率がいいという事実は，ニューラルネットワークが双曲的であり，そこでの3角形が細いことを示唆している．もちろんこれは数学的な主張ではないが，少し考えを進めてみよう．

　現在のところ深層学習で得られるニューラルネットワークにおいて3角形が細く，"双曲幾何"を持つとはどういう理解ができるだろうか？　地図に時間で距離を入れる際，例えば秋田から旭川へ，直通便がないことに注意した．そのために，時間を用いた地図には非常に細い3角形が生まれた．言い換えると，秋田と旭川に"つながり"がなかったから，空間は負曲率を持った．ニューラルネットワークが双曲幾何を持ち，そこでの3角形が細いということは，ニューロン，つまり機械学習の生み出す一つ一つの"知"と"知"のつながりが薄いことを意味する．囲碁や将棋のプロがしばしば，AIの読み筋は「細い」と表現する．AIは他の知（囲碁将棋では"知 ≈ 読み筋"と言ってよいと思う）との関係が薄い手に気づく．他の読み筋との繋がりが薄い場合，間違うと一瞬で逆転に繋がる．さらに，囲碁将棋はすべての情報が盤上にある完全情報ゲームである．AIの"細い"読み筋は，囲碁将棋のように情報が完全であり，決して間違うことのない機械のための道だ．しかし，世の中を見渡すと情報は不完全であり，人間を含めた生き物は，間違う．

　これまで，囲碁や将棋に限らず，さまざまな分野で発展していた理論は，情報の不完全さや人間の間違いが考慮に入っていたように感じる．AIの出現で否定されつつある技術の中に，たしかに"最善"ではないが，そこで間違えたり，思いも寄らない情報が隠れていても，多くの場合なんとか形になるといった，「知と知のつながりが強い」技術があるのではないか．そして，人間の強みはそんな，知と知のつながりを発見するところにあるのではないかと，一人で妄想

している．秋田と旭川，そして広島．互いに直行便があり，つながりが深まると３角形が太くなり，空間がまるくなった．

　知全体の空間をちょっと格好つけて智と書くことにしたい（もちろんここだけの言葉づかいだ）．そして僕らが知っている智の一部を知能ということにする．知と知のつながりを考えたとき，智はまるいのだろうか，それとも，双曲的なのだろうか．AIが生み出す知能と人間の知能との違いはなんだろうか．AIが人間の知能を超えるのではないかと危惧する人もいる．AIによる知能が双曲的であるならば，AIはきっと智の"端"に光を灯していく．そこで生まれる発見はしばらくとても面白いものになるだろう．人間はゆっくりであるが，AIの"答え"を理解しようとする．人間の理解にはどうしても，それまでにある知とのつながりが必要だ．理解をするというのはきっと，知能をまるくする行為だ．そして，知と知のつながりを発見することを，僕らは「気づき」と呼ぶのではないかと思う．

　少しだけ思い出を．高校生のとき，自分より強い囲碁のプログラムを作りたいと大学では工学部に入り，当時（2005年頃）のAIに触れ，率直な感想として「コンピュータは考えない」と感じた．当時の僕にとって，コンピュータは「計算機」であり，AIの技術は未熟でその"思考"は単純な計算の域をでていないと感じられた（AlphaGoを作ったハサビスは，同時期に計算機科学と脳科学について，深い経験をもとに深層学習の構想を抱いていたようである．僕はあまりに未熟であった）．自分で囲碁を打つ際の「考える喜び」とのつながりが見えず，だんだんとAIからは興味を失ってしまった．結果として，「自分が」考える数学に興味を持ち，大学院から数学系へ進路を変えた．何かが巡り巡ってつながって，僕は昨今のAIブームとグロモフ双曲性の関わりに気づき（勘違いかもしれないけれど），こうして数学書にAIを絡めた文章を書いている．

　オイラーの公式 $e^{i\pi}+1=0$ に人は魅力を感じる．指数関数の本質を摑むネイピア数 $e$，円を表す円周率 $\pi$，$x^2+1$ の解として"無理矢理"導入された虚数単位 $i$，そして乗法群 $\mathbb{R}^{\times}$ の単位元 1 と加法群 $\mathbb{R}$ の単位元 0．それぞれ独自の背景で導入された数学的概念のつながりを表すからだ．多様な文化の数学の"知"がつながり，まるくなる．

　双曲性が強く，負曲率を持つ空間では，たくさんの"関所"ができてしまう．

関所を通らなければ、新しい場所へは行けない。それはしばしば"流れ"を止める。まるい空間では、そんな関所が解消され分野と分野の行き来が容易になる。交流が生まれると、想像もしなかった新しい方向が見えてくる。

　知能がまるくなる感覚は、人間にとってとても心地よいようだ。数学の学習・研究に絞っても、バラバラだった知識の結びつきに「気づき」、自分の中でつながった瞬間、世界が広がった感覚があり、新しいことを知る喜びを感じられる。こうした、「数学に感動した経験」をどれだけ積めるかが、数学者になれるかを分ける重要な要素であると、そんなことをいう人もいる。つながりに感動し成長できるのが人間だ。AIと人間の知能を戦わせたがる人もいるが、きっとそれぞれに得意不得意がある。

　智では「つながり」を探すことに人間が、「ひろがり」を探すことにAIがきっと向いている。互いに協力して、面白くてワクワクする智の理解ができたらいいなと思っている。もちろん、AIと人間の共闘はさまざまな分野ですでに始まっている。今回はその関係性を"智の幾何"という視点で考えてみた。AIと人間の知能の関わりが幾何的に見えた気がして楽しかったので、ついつい長々と語ってしまった。

　最後に、タイトルの「智はまるいか？」について。これは、知と知はどれだけつながっているか？という問いかけである。智の形はまったく想像がつかない。わからないから面白いのだと思う。ただ僕はなんとなくであるが、智はまるいと信じている。まるくあってほしいとも思っている。いま、AIが見つけてくる知と知のつながりが薄く双曲幾何との相性が良いのは、ただ僕らがまだ、隠れたつながりに気づいていないだけではないだろうか。

## 10.6●グロモフ境界

　話が大分逸れてしまった気もするが、次章はちゃんと数学に戻る。グロモフ双曲空間では、物事がどんどん枝分かれして、発散していく。今回の話で、その感覚がなんとなく摑めていたら嬉しい。結果として、グロモフ双曲空間は"無限個の"無限遠点を持つ。その無限遠点を集めた空間をグロモフ境界という。グロモフ境界は、グロモフ双曲空間の性質を"無限の彼方から"調べるための空

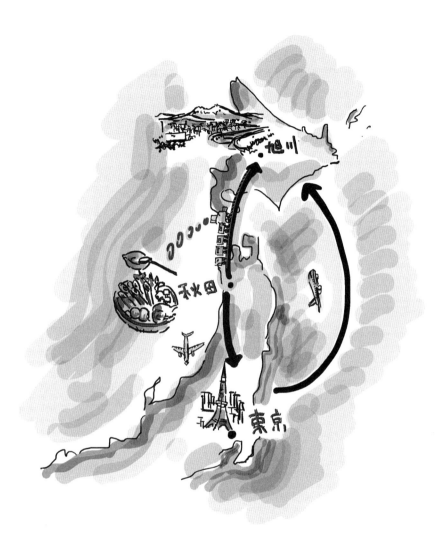

間とも言える．次章はグロモフ境界を定義し，その性質を用いてグロモフ双曲
空間同士を比べてみたい．

**参考文献** ————————————————————————

［1］Clara Löh, "Geometric group theory", Springer, 2017.

# 第11章

# グロモフ双曲空間の境界
## 無限遠点たちの集合

　考えている空間がコンパクトではないとき，その空間に"境界"をつけてコンパクトにする「コンパクト化」は，その空間の理解に非常に有用である．同時に，もともとコンパクトでない空間をコンパクト化をするための境界を構成するには，考えている空間の特徴をよく理解しながら工夫をする必要がある．境界は"無限遠点"の集合になり，空間の特徴の捉えかたによって多様な"無限遠点"が存在する場合もある．幾何学的群論関連のコンパクト化として主流なものは，大きく2つの方法に分類される．端的に言うと内在的(intrinsic)な方法と外在的(extrinsic)な方法だ．

　数学の話に入る前に英語トリビアを少し．多くの英単語はパーツに分解できる．そのパーツの中で"in"と"ex"は覚えておくと便利だ．実は"in"は"im"になったり，"ex"は単に"e"になったりして変形する．"in"は「内」，"ex"は「外」の意味を持つ．例えば「impress」は「感銘を受ける」[1]，対して「express」は「表現する」などの意味だ．なにか「心動かすもの(press)」が体の内側に入ってくる様を表すのが impress，体から外側へ出ていく様子が express だ．2つの英単語 immigrant と emigrant は「移民」だが，前者は「内側に」入ってきた移民，後者は「外側に」出ていく移民である．数学用語でいえば interior は「内部」，exterior は「外部」である．

---

1）受動態，能動態はここではあやふやにしているので注意．

空間を外在的，extrinsic にコンパクト化する際は，その空間をどこか別の空間に埋め込み，閉包をとる．閉包をとると，埋め込み先の外側の空間の元が付け加えられるので「外から」のコンパクト化となる．開円盤の閉包が閉円盤になる様子とほぼ同様に，こちらは埋め込み方さえ考えれば，境界がよく見える．ただし，例えばタイヒミュラー空間のように，“自然な”埋め込み先がたくさん存在する空間などもあり，事情はそう単純ではない．埋め込む空間が変わると，境界も変化し，捉えられる現象が変わる．

　本章で考えるグロモフ境界は内在的，intrinsic な概念で，その内側との関わりで定義される．9章でグロモフ双曲性が擬等長写像で保たれることをみた．しかし思い出してみると，擬等長写像は「連続ですらない」，非常に調べづらい対象だった．擬等長写像を法とした議論は“粗い幾何”といわれ，“無限の彼方から”対象を眺めたときに観測される情報を捉える．無限の彼方から眺めると，細かい誤差が見えなくなる．一方で，無限に伸びる測地線などは生き残る．一言でいうと，無限に伸びる測地線の行き着く先，「無限遠点」を集めた集合がグロモフ境界である．グロモフの数学は「不等式の数学」とよくいわれる．擬等長写像の定義が象徴的で，そこには等式はひとつもない．したがって常に“誤差”を含む議論になる．しかし無限の彼方までいくと，そんな誤差が無視され，きれいな対象が見えてくるのである．

# 11.1 ● ハウスドルフ距離

　距離空間 $(X, d_X)$ 内の部分集合全体の空間を $2^X$ とする．つまり
$$2^X := \{U \mid U \subset X\}$$
である．このとき $2^X$ 上の“距離”$d_{\mathrm{H}}$ が次のように定義される．
$$d_{\mathrm{H}}(U, V) := \inf\{C > 0 \mid U \subset N_C(V),\ V \subset N_C(U)\},$$
ここで $U, V \in 2^X$ であり，$N_C(U)$ は $X$ の中での開 $C$-近傍である．また，$X$ の閉集合全体の集合を $\mathcal{C}$ とする．

**命題 11.1**　$d_{\mathrm{H}} \colon \mathcal{C} \times \mathcal{C} \to \mathbb{R}_{\geq 0} \cup \{\infty\}$ は距離を定める．

値が無限になるときは注意が必要だが，今回はあまり気にしなくて大丈夫である．この距離を**ハウスドルフ距離**という．グロモフ境界とは直接の関係がないが，次のような事実があり，ハウスドルフ距離はさまざまな分野で重要である．

**命題 11.2** 距離空間 $(X, d_X)$ がコンパクトならば，距離空間 $(\mathcal{C}, d_H)$ もコンパクトである．

コンパクトであることがわかる[2]と，点列の収束がいえる．例えばリー群の上で閉部分群の列の収束などを考えると，リーマン多様体の崩壊などの理論へとつながる．そのほかにも，双曲閉曲面の上の閉曲線の収束などを考えると**ラミネーション**(lamination)などの理論が得られ，サーストンによる曲面上の数学などにもつながる(参考[1])．

# 11.2●グロモフ境界

グロモフ境界のひとつの特徴づけとして擬測地線を用いる方法がある．擬測地線は測地線とのハウスドルフ距離が有限で"だいたい"測地線とみなせる対象であり，本章ではその理解で十分である．

片側無限(擬)測地線をどうやら光線というらしい．道 $\gamma: [0, \infty) \to X$ は

- 測地線となるとき**測地光線**(geodesic ray)，
- 擬測地線となるとき**擬測地光線**(quasi-geodesic ray)

という．

ここから**基点** $b \in X$ **を固定**する．測地光線 $\gamma$ は $X$ の閉集合であることに注意する．道 $\gamma$ は写像とみなしたり，その像とみなしたりしているので注意して

---

2）点列の議論をする際，厳密には空間のハウスドルフ性が必要．

ほしい.

**補題 11.3**　２つの測地光線 $\gamma_1, \gamma_2$ が $\gamma_1(0) = \gamma_2(0) = b$ を満たすとする. このとき次は同値である.

（ⅰ）　ある $K > 0$ が存在して, 任意の $t \in [0, \infty)$ に対して $d(\gamma_1(t), \gamma_2(t)) < K$.

（ⅱ）　$d_{\mathrm{H}}(\gamma_1, \gamma_2) < \infty$.

**証明**　(ⅰ) $\Rightarrow$ (ⅱ)：任意の点 $x \in \gamma_1$ は, ある $s \geqq 0$ を用いて $\gamma_1(s)$ とかける. したがって(ⅰ)より $\gamma_1 \subset N_K(\gamma_2)$ である. もう１つの包含も同様である.

(ⅱ) $\Rightarrow$ (ⅰ)：仮定により, ある $C \geqq 0$ が存在して, 任意の $t \in [0, \infty)$ に対して次が成り立つ.

$$\text{ある } s \in [0, \infty) \text{ が存在して, } d_X(\gamma_1(t), \gamma_2(s)) \leqq C.$$

ここで $\gamma_1$ と $\gamma_2$ は始点 $b$ が同じなので, $b$ との距離を考えると, 三角不等式

$$d_X(b, \gamma_1(t)) \leqq d_X(b, \gamma_2(s)) + d_X(\gamma_1(t), \gamma_2(s))$$

と, その $\gamma_1$ と $\gamma_2$ を入れ替えたものより, $|t - s| \leqq C$ がわかる. 結果として任意の $t \in [0, \infty)$ に対して, $d_X(\gamma_1(t), \gamma_2(t)) \leqq 2C$ が従う. □

上の補題を意識しつつ, 測地光線の空間に

$$\gamma_1 \sim \gamma_2 \Longleftrightarrow d_{\mathrm{H}}(\gamma_1, \gamma_2) < \infty$$

として同値関係をいれる. この同値関係による同値類を $[\gamma]$ とかく.

**定義 11.4**　基点 $b$ の測地光線の空間の同値類の集合

$$\partial_{\mathrm{Gr}} X := \{[\gamma] \mid \gamma \text{ は } X \text{ の測地光線}\}$$

と定め, この空間を $X$ の**グロモフ境界**（Gromov boundary）という.

グロモフ境界には, 点列 $\{\xi_n\}_{n \in \mathbb{N}} \subset \partial_{\mathrm{Gr}} X$ に対して $\xi_n \to \xi \in \partial_{\mathrm{Gr}} X$ となることを次で定義して, 位相を定める. 点列の各元 $\xi_n$ と $\xi$ それぞれに対して, その表現となる測地光線 $\gamma_n$ と $\gamma$ を考える. このとき, $\gamma_n$ が $\gamma$ へコンパクト一様収束するように $\gamma_n, \gamma$ がとれるとき, $\xi_n \to \xi$ とする.

「コンパクト一様収束」が気になる人は，検索すれば定義や性質がでてくる．コンパクトな空間 $K$ に制限したら，$K$ 内で $\gamma_n(t)$ が $\gamma(t)$ に一様に収束するとき，コンパクト一様収束しているという．こうしてグロモフ境界が位相空間として得られた．

手始めに双曲平面 $\mathbb{H}$ に対して，グロモフ境界を考えてみよう．

**命題 11.5** 双曲平面 $\mathbb{H}$ のグロモフ境界は $\mathbb{S}^1$ と同相である．

**証明** 5章でみたように，双曲平面における測地線は，境界に直交する円の一部であった．したがって，測地光線 $\gamma$ の極限 $\lim_{t\to\infty}\gamma(t)$ は $\mathbb{R}\cup\{\infty\}$ の点を決める．さて，双曲計量は $(dx^2+dy^2)/y^2$ であった．そのため $\mathbb{R}\cup\{\infty\}$ の相異なる2点の距離は無限大となる．したがって，集合として $\partial_{\mathrm{Gr}}\mathbb{H}=\mathbb{R}\cup\{\infty\}$ がわかる．いま，コンパクト一様収束の定義により，測地線の収束と $\mathbb{R}\cup\{\infty\}\cong\mathbb{S}^1$ とした位相は一致する． $\square$

以降 $(X,d)$ **を固有測地グロモフ双曲空間**として固定する．固有空間は「距離に関する閉球体が，いつでもコンパクトである」空間である．例えば，双曲群のケーリーグラフは固有である．ここで，グロモフ双曲空間に対してグロモフ境界の他の特徴づけをしておく．擬測地光線 $\gamma_1,\gamma_2$ に対しても
$$\gamma_1\sim\gamma_2\Longleftrightarrow d_{\mathrm{H}}(\gamma_1,\gamma_2)<\infty$$
と定義する．命題9.8と補題11.3より，この同値関係は測地光線における上の同値関係と一致する．さらに，実は基点 $b$ も必要ないことも一緒に主張しよう．

**命題 11.6** 空間 $\{[\gamma]\mid\gamma$ は擬測地光線$\}$ はグロモフ境界 $\partial_{\mathrm{Gr}}X$ と同相である．

**証明** 位相の定義の詳細は省略するが，
$$\partial_q X:=\{[\gamma]\mid\gamma\,\text{は擬測地光線}\}$$
にはグロモフ境界同様，コンパクト一様収束で位相が入る．まず，擬測地光線 $\gamma$ をひとつ固定する．いま，$\eta_t:=[b,\gamma(t)]$（$b$ と $\gamma(t)$ を結ぶ測地線）とすると，その極限 $\eta_t\to\eta$ は測地光線となる[3]．命題9.8より，$d_{\mathrm{H}}(\gamma,\eta)<\infty$ となり $[\eta]$

$= [\gamma]$ である[4]. したがって, $\partial_q X \to \partial_{\mathrm{Gr}} X$ が得られる. 測地光線は擬測地光線なので $\partial_{\mathrm{Gr}} X \to \partial_q X$ も得られる. これらは連続で, 互いに逆写像である. □

さて, グロモフ境界は擬測地光線を用いても定義できることがわかった. この事実を用いると, グロモフ境界は擬等長写像で不変であることがわかる.

**命題 11.7** $(Y, d_Y)$ を測地距離空間, $f \colon Y \to X$ を擬等長埋め込みとする. このとき写像

$$\partial f \colon \partial_{\mathrm{Gr}} Y \to \partial_{\mathrm{Gr}} X$$

が $\partial f([\gamma]) := [f \circ \gamma]$ で定義され, 連続で単射である. さらに, $g \colon Y \to X$ も擬等長写像で $f \sim_{\mathrm{fi}} g$, つまりある定数 $C > 0$ が存在して, 任意の $x \in X$ に対し $d(f(x), g(x)) \leqq C$ ならば, $\partial f = \partial g$ である. とくに, $f$ が擬等長写像であれば, $\partial f$ は同相写像である.

**証明** 擬等長埋め込みによる擬等長光線の像は擬等長光線である. この対応により $\partial f \colon \partial_{\mathrm{Gr}} Y \to \partial_{\mathrm{Gr}} X$ が定義される. さらに擬等長埋め込みによる像のハウスドルフ距離が有限であれば, 擬等長写像の定義により, もとのハウスドルフ距離も有限であり, また逆も成り立つ. したがって $\partial f$ は well-defined で単射である. 擬等長光線の空間への同値関係の定義の仕方より $f \sim_{\mathrm{fi}} g$ ならば $\partial f = \partial g$ が従う.

最後の主張は擬等長写像に粗い意味で逆写像が存在することより従う(定義 8.3 参照). □

いくつか例をみてみよう.

● 直径が有限の空間のグロモフ境界は空集合である. つまり, $[0, \infty)$ からの

---

3) ここは自明ではない. 命題 9.8 やハウスドルフ距離の性質などを用いる必要があるが, ここでは受け入れることにしてほしい.
4) 同上.

擬等長写像が存在せず，擬測地光線が存在しない．

- $\partial_{\mathrm{Gr}}\mathbb{Z} \cong \partial_{\mathrm{Gr}}\mathbb{R} \cong \{-\infty, \infty\}$（$\mathbb{Z}$ と $\mathbb{R}$ は擬等長である）．

グロモフ境界を比べることにより，距離空間が擬等長**でない**ことを示すことができる．

**命題 11.8** 次元が $n \neq m$ ならば $\mathbb{H}^n$ と $\mathbb{H}^m$ は擬等長ではない．

**証明** 詳細は省くが，命題 11.5 の証明は高次元に拡張でき
$$\partial_{\mathrm{Gr}}\mathbb{H}^n \cong \mathbb{S}^{n-1} \quad (n-1 \text{ 次元球面})$$
がいえる．命題 11.7 より同相でないグロモフ境界を持つ空間は擬等長ではないため，$\mathbb{H}^n$ と $\mathbb{H}^m$ は擬等長ではない． □

# 11.3●双曲群のグロモフ境界

命題 11.7 により，双曲群のグロモフ境界を考えることができる．双曲群の定義に有限生成であることが含まれていた．

**命題 11.9** $G$ を双曲群とする．このとき有限生成系 $S$ のケーリーグラフ $C(G,S)$ のグロモフ境界 $\partial_{\mathrm{Gr}}C(G,S)$ を**双曲群 $G$ のグロモフ境界**といい $\partial_{\mathrm{Gr}}G$ とかく．

さて，双曲群には双曲空間の等長写像の分類と似た分類がある．元 $g \in G$ は $n \mapsto g^n$ で得られる埋め込み $\mathbb{Z} \to C(G,S)$ が擬等長埋め込みのとき，**斜航的**（loxodromic）であるという．

証明は紹介できないが，双曲群に関しては次が成り立つ．

**命題 11.10**（cf.[4, Theorem 7.5.9]）双曲群の無限位数の元はすべて斜航的である．

双曲群 $G$ の元 $g \in G$ が斜航的であるとする．このとき $n \mapsto g^n$ と $n \mapsto g^{-n}$ はそれぞれ擬等長光線を定める．ここで

$$g^+ := [n \mapsto g^n] \in \partial_{\mathrm{Gr}} G,$$
$$g^- := [n \mapsto g^{-n}] \in \partial_{\mathrm{Gr}} G$$

とする．2つの斜航的な元 $g, h \in G$ は $\{g^+, g^-\} \cap \{h^+, h^-\} = \emptyset$ のとき**独立**(independent)という．

独立な斜航的な元が存在するためには，グロモフ境界の元が4点以上必要である．実はグロモフ双曲群のグロモフ境界の元の数は2以下，もしくは無限になることが知られており，前者を**初等的**(elementary)，後者を**非初等的**(non-elementary)な双曲群という．さて，2つの斜航的な元 $g, h$ があれば，それらは独立か，独立でないかの2択である．グロモフ双曲群 $G$ の2つの斜航的な元 $g, h$ が生成する $G$ の部分群 $\langle g, h \rangle_G$ 部分群について考えてみよう．

ひとつ，言葉を用意する．$P$ を「群が持つ何かしらの性質」とする($P$ の例：自由群である，アーベル群である，など)．群 $G$ が**仮想**(virtually) $P$ であるとは，群 $G$ の有限位数部分群 $H < G$ が存在して $H$ が性質 $P$ を満たすことをいう．擬等長写像を通して議論をする際に無視される有限の誤差は，有限指数部分群を区別できない．そのため "無限の彼方から" 群を眺める際にはこの「仮想」のおまじないはとても大事である．

**定理 11.11**（プチ[5]ティッツ(Tits)排反，cf. [4. Theorem 8.3.13]）　双曲群の2つの斜航的な元 $g, h \in G$ が与えられたとする．このとき

（ⅰ）　$g$ と $h$ が独立ならば $\langle g, h \rangle_G$ は階数2の自由群を含む．

（ⅱ）　$g$ と $h$ が独立でないならば，$\langle g, h \rangle_G$ は仮想的に $\mathbb{Z}$ である．

本章ではこの(ⅰ)の証明を眺めたい．そのために，重要なツールであるピンポン補題を説明しよう．

---

5) プチは petit で，日常会話で使う「プチ」と同じ意味．ティッツ排反の「プチ」版という意味で使っている(僕が勝手にそう呼んでいるだけである)．

## 11.4●ピンポン補題

ピンポン！正解です．いいえ，卓球です．考えている空間の上で卓球をすると，自由が得られる．

**補題 11.12**（ピンポン補題） 群 $G$ が $a,b$ で生成されているとする．群作用 $G \curvearrowright X$ があり，さらに空でない部分集合 $A,B \subset X$, $A \cap B = \emptyset$ で次を満たすものがあるとする：
$$\forall n \in \mathbb{Z} \setminus \{0\}, \ a^n \cdot B \subset A \text{ かつ } b^n \cdot A \subset B.$$
このとき，$G$ は階数 $2$ の自由群であり，$\{a,b\}$ は群 $G$ の自由生成系である．

この補題は部分集合 $A, B$ を行き来する卓球のような議論を行うため，ピンポン補題と呼ばれている．

**証明** 自由群 $F := F_{\mathrm{red}}(\{\alpha, \beta\})$ の普遍性により，準同型写像 $\varphi \colon F \to G$ で $\varphi(\alpha) = a$, $\varphi(\beta) = b$ を満たすものが（一意に）存在する．$\{a,b\}$ は $G$ の生成系であるので，$\varphi$ は全射である．単射性を示す．$F$ の元は既約な語であった．既約な語
$$w = \alpha^{n_1} \beta^{m_1} \cdots \alpha^{n_k} \beta^{n_k} \neq \emptyset$$
を任意にとる．ここで $n_1$ と $n_k$ は $0$ となり得るとすれば，このようにかいても問題ない．$n_1$ と $n_k$ が $0$ になるかどうかで，場合分けをしていく．はじめに $n_1 \neq 0$, $n_k = 0$ とする．このとき $\varphi(w)$ は $a$ で始まり，$a$ で終わる．補題の仮定によりこのとき，$\varphi(w)(B) \subset A$ である．とくに $\varphi(w) \neq \mathrm{id} \in G$ である．次に $n_1 \neq 0$, $n_k \neq 0$ とする．このとき，適当な $\ell$ に対して $\alpha^\ell w \alpha^{-\ell}$ は $\alpha$ で始まり，$\alpha$ で終わる既約な語である．したがって上の議論が適用できる $\varphi(\alpha^\ell w \alpha^{-\ell}) \neq \mathrm{id}$ がわかり，$\varphi(\alpha^\ell) \neq \mathrm{id}$（$\varphi(\alpha^\ell)$ は $a$ で始まり，$a$ で終わる）より $\varphi(w) \neq \mathrm{id}$ がわかる．他の場合も同様に共役をとることで $w \neq \emptyset$ ならば $\varphi(w) \neq \mathrm{id}$ がわかる．したがって $\varphi$ は同型写像であり，$G$ は $\{a,b\}$ で自由生成される自由群である． $\square$

双曲群を調べる前に，ピンポン補題の応用として $\mathrm{SL}(2, \mathbb{Z})$ が自由群を部分

群として持つことをみてみよう．定義を思い出しておくと

$$\mathrm{SL}(2,\mathbb{Z}) := \{A \mid A \text{ は } 2\times 2 \text{ 行列, 各成分は整数, } \det(A) = 1\}$$

である．$\mathrm{SL}(2,\mathbb{Z})$ は自然に線形写像として $\mathbb{R}^2$ に作用している．

**命題 11.13** $a = \begin{pmatrix} 1 & 2 \\ 0 & 1 \end{pmatrix}$, $b = \begin{pmatrix} 1 & 0 \\ 2 & 1 \end{pmatrix}$ とする．このとき $\{a, b\}$ で生成される $\mathrm{SL}(2,\mathbb{Z})$ の部分群は自由群である．

**証明**

$$A := \left\{ \begin{pmatrix} x \\ y \end{pmatrix} \in \mathbb{R}^2 \,\middle|\, |x| > |y| \right\}, \qquad B := \left\{ \begin{pmatrix} x \\ y \end{pmatrix} \in \mathbb{R}^2 \,\middle|\, |x| < |y| \right\}$$

とすると，ピンポン補題（補題 11.12）の仮定を満たすことが計算で確かめられる[6]． $\square$

実は次が成り立つ．

**定理 11.14** $\mathrm{SL}(2,\mathbb{Z})$ は仮想自由である．

証明は参考文献 [4] の 4.4 章参照．

## 11.5● 双曲群のプチティッツ排反

さあ，定理 11.11 の (i) の証明をしよう．ピンポン補題（補題 11.12）が適用できる状況を目指す．手始めに，簡単な補題を用意する．

**補題 11.15** 測地距離空間 $X$ が $\delta$-グロモフ双曲空間であるとする．このとき，任意の測地三角形 $\Delta(\mathrm{A}, \mathrm{B}, \mathrm{C})$ で $[\mathrm{A}, \mathrm{C}] < 3\delta$ を満たすものにおいては，次が成り立つ．$\mathrm{A}' \in [\mathrm{A}, \mathrm{B}]$, $\mathrm{C}' \in [\mathrm{C}, \mathrm{B}]$ を $d(\mathrm{A}, \mathrm{A}') = 4\delta$, $d(\mathrm{C}, \mathrm{C}') = 4\delta$ を満たす点と

---

6）計算のヒント：$a^n = \begin{pmatrix} 1 & 2n \\ 0 & 1 \end{pmatrix}$.

する．このとき

- $[A', B] \subset N_\delta([C, B])$
- $[C', B] \subset N_\delta([A, B])$

が成り立つ．

**証明**  $\Delta(A, B, C)$ は $\delta$-細い三角形であるため（図 11.1 参照）. □

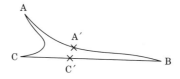

**図 11.1**  補題 11.15 の模式図.

さて，ピンポン補題を用いるためには
$$\forall n \in \mathbb{Z} \setminus \{0\}, \ a^n \cdot B \subset A \ \text{かつ} \ b^n \cdot A \subset B$$
となるような集合 $A, B$ で $A \cap B = \emptyset$ となるものを探してくる必要がある．

次の補題 11.16 は，じっくり考えれば追えるはずと信じるが，証明を読み飛ばしても主張さえ理解できていれば雰囲気はつかめるはずだ．

**補題 11.16**  群 $G$ を $\delta$-グロモフ双曲群，元 $g, h \in G$ を独立な斜航的元の組，$S \subset G$ を有限生成系とする．このとき，ある $R > 0$ が存在して
$$C_g(x) := d_S(x, \{g^{-R}, g^{-R+1}, \cdots, g^{R-1}, g^R\})$$
$$C_h(x) := d_S(x, \{h^{-R}, h^{-R+1}, \cdots, h^{R-1}, h^R\})$$
に対して，
$$A := \{x \in G \mid d_S(x, \langle g \rangle) < C_g(x)\}$$
$$B := \{x \in G \mid d_S(x, \langle h \rangle) < C_h(x)\}$$
は $A \cap B = \emptyset$ を満たす．

$C_g(x)$ や $C_h(x)$ は $\langle g \rangle$ や $\langle h \rangle$ の id の近傍との距離である．$A$ は，$\langle g \rangle$ に射影したとき，id の近傍 $C_g(x)$ の外に落ちる元全体という意味である．補題

11.16 は，独立な斜航的元 $g, h$ に対して，任意の点 $x \in G$ の射影は $\langle g \rangle$ か $\langle h \rangle$ のどちらかに関しては id の近くに落ちるという意味である．

**証明** 簡単のため距離 $d_S(\cdot, \cdot)$ を $d(\cdot, \cdot)$ とかく．まず $g, h$ が独立な斜航的元であるので $d(\mathrm{id}, g^n) \to \infty$，$d(\mathrm{id}, h^n) \to \infty$ かつ $d(g^n, \langle h \rangle) \to \infty$，$d(h^n, \langle g \rangle) \to \infty$ である．したがって，ある $R > 0$ が存在して，

$$d(h^r, \langle g \rangle) < 10\delta \Longrightarrow r < R$$

$$d(g^r, \langle h \rangle) < 10\delta \Longrightarrow r < R$$

となるようにできる．さらに $R$ を十分大きくとれば，$\min(d(\mathrm{id}, g^R), d(\mathrm{id}, h^R))$ $> 4\delta$ を満たすようにできる．この $R$ に対して，上で定義された $A, B$ が $A \cap B$ $= \emptyset$ を満たすことを示す．ここで $x \in A \Longrightarrow x \notin B$ を示せば十分である．いま，$\langle g \rangle$ の $g^n$ と $g^{n+1}$ をすべての $n \in \mathbb{Z}$ に対して測地線で結ぶことにより $\langle g \rangle$ を擬測地線とみなす．ここでモースの補題（命題 9.8）より，擬測地線は測地線の近傍に含まれており，距離の評価においては $\langle g \rangle$ を測地線と考えても，定数が大きくなるだけの差しかない．したがって記述の簡単のため $\langle g \rangle$ を**測地線**とする．同様に $\langle h \rangle$ も測地線とみなす．ここで，$x$ の $\langle g \rangle$ への射影を $x_g$，$\langle h \rangle$ への射影を $x_h$ とおく．有限の誤差を除けば $x_g = g^n$ としてよく，$x \in A$ より $|n| >$ $R$ であるので，

$$d(x_g, \langle h \rangle) \geqq 10\delta$$

である．さらに $R$ のとり方より，$d(\mathrm{id}, x_g) > 4\delta$ である．三角形 $\varDelta(x, x_g, \mathrm{id})$ に対して補題 9.7 を用いると，ある $y \in [x, \mathrm{id}]$ が存在して $d(x_g, y) < 3\delta$ を満たす．同様に，ある $z \in [x, \mathrm{id}]$ で，$d(x_h, z) < 3\delta$ を満たすものが存在する．

- $z \in [x, y]$ のとき：補題 11.15 を用いる．さらに $d(y, z)$ と $4\delta$ の大小で場合分けがいるが，丁寧に評価をしていくと $d(x_g, \langle h \rangle) < 10\delta$ となってしまうので矛盾．
- $z \in [y, \mathrm{id}]$ のとき：順に $x_h, z$，最大 $4\delta$ を $[y, \mathrm{id}]$ の上で動くと補題 11.15 より $\langle g \rangle$ との差が $\delta$ 以下になる．結果として $d(x_h, \langle g \rangle) < 8\delta$ となり $x_h =$ $h^n$ は $|n| < R$ を満たす．とくに $x \notin B$ である． $\square$

この $A, B$ がピンポン補題の仮定を満たす.

**命題 11.17** 補題 11.16 の $R$ と $A, B$ に対して,$a := g^{3R}$,$b := h^{3R}$ とすると
$$a^n B \subset A, \qquad b^n A \subset B$$
がすべての $n \in \mathbb{Z} \setminus \{0\}$ について成り立つ.とくに $\langle a, b \rangle$ は階数 2 の自由群である.

**証明** $x \in A$ とする.このとき $x$ の $\langle h \rangle$ への射影 $x_h = h^m$ は $|m| < R$ を満たす.このとき $b^n x$ の $\langle h \rangle$ への射影は $h^k$ とかいたとき $-R + 3nR \leqq k \leqq R + 3nR$ を満たし,とくに任意の $n \in \mathbb{Z} \setminus \{0\}$ に対して $b^n x \in B$ となる.同様に任意の $n \in \mathbb{Z} \setminus \{0\}$ に対して $a^n x \in A$ となる.最後の主張はピンポン補題により従う. $\qquad\square$

# 11.6●忘れもの

　今回はグロモフ双曲空間の性質をなんとか話そうとした結果,少々重たい話になってしまったかもしれない.参考文献であげた Clara Löh 氏の本[4]は,英語ではあるが,大学 2 年生くらいまでの基礎知識で読めるように書かれている幾何学的群論の本で,本書執筆にあたり参考にした箇所も多い.より詳しいことを知りたい人にオススメしたい.また,本章までの内容を完全に包含しているわけではないが,幾何学的群論に関する和書として[2, 3]をあげておく.文献を手にとって,幾何学的群論の広がりに触れてくれたら嬉しい.

　1 章で「オカンの物忘れ」として,数学における「忘れる」議論の大切さを紹介した.かたちの幾何を忘れて本質に迫るトポロジーなどを例にあげた.擬等長写像は「有限の誤差を忘れる」写像であり,擬等長写像を通して"無限の彼方から"空間を眺める議論をしてきた.双曲空間において,"3 角形が細い"事実以外のすべてを忘れるグロモフ双曲性は擬等長写像で保たれ,結果として群の"幾何学的"な性質をつかんだ.グロモフ境界は測地線集合に同値関係をいれて定義したが,これは空間の内部を忘れて"無限遠点"のみを考えているとみなすこともできる.擬等長を法とするため位相が議論できなかったグロモフ双曲空間において,グロモフ境界はその本質をつかむ位相空間を見出す理論となった.

グロモフ境界の豊かさを知ってほしくて，今回は少し頑張って証明をいろいろ紹介した.

　次章は本書のラストである. ここまで議論してきた幾何学的群論の手法と2次元，3次元のトポロジーと幾何についての関連について述べる. オカンが忘れたものを思い出したい.

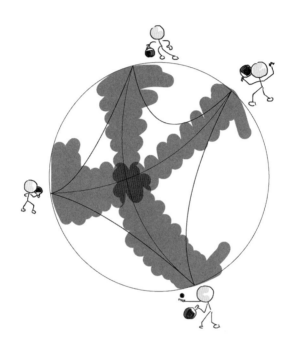

**参考文献**

［1］Albert Fathi, François Laudenbach, Valentin Poénaru et al., *Travaux de Thurston sur les surfaces*, Astérisque 66-67, Société Mathématique de France, 1979. (英訳 *Thurston's work on surfaces* がある).

［2］藤原耕二『離散群の幾何学』，朝倉書店，2021.

［3］深谷友宏『粗幾何学入門——「粗い構造」で捉える非正曲率空間の幾何学と離散群』，サイエンス社(SGC ライブラリ)，2019.

［4］Clara Löh, *Geometric Group Theory*: *An Introduction*, Springer International Publishing AG, 2017.

# 第12章
# 写像類群の幾何
## "忘れて" 得られるもの

　ついに最終章である．1章において，「幾何を忘れたオカン」の話をした．ど
うやら双曲幾何を忘れてしまったオカンを手助けしようと，双曲幾何のさまざ
まな性質を紹介した．その流れで，グロモフ双曲空間やタイヒミュラー空間な
どにも触れた．しかし，本当にお伝えしたかったのは，数学における「忘れる」
操作の重要性であった．考えている問題や現象の「いらない情報」を数学的操
作で削り取り，残った本質を捉える．「1+1＝2」は，計算という数学的手法で
「1+1」の持つ2の成り立ちの情報を忘れ，結果の2だけを抽出する手法である．
　情報を捨てて本質を摑む考え方は，カタチの数学にも現れる．トポロジーは
「カタチの幾何」を捨てて，カタチの本質に迫る数学である．2章で紹介したホ
モトピーや基本群は"柔らかい"とされるトポロジーの柔軟性をよく表してい
る．トポロジーでは考えているカタチが柔らかい素材でできていると考え，自
由に変形して良いとする．すると，量を扱う幾何学的な情報が失われ，結果と
してカタチの本質が残る．量という情報を失うので，トポロジーの研究には新
しい発想が必要だ．本書では紹介していないが，ホモロジー群やホモトピー群
はトポロジーから"計算可能な対象"を見出す，画期的なアイデアだ．兎にも角
にもトポロジーでは幾何を捨てる．
　しかし，対象を低次元のトポロジーに限定すると，しばしばカタチは，「トポ
ロジーから自然に定まる」幾何を持つ．"自然な幾何"の考え方は，3章で紹介
した普遍被覆と4章で取り上げた幾何構造で定まった．その中で，2次元，3次
元の幾何として，特に重要な役割を果たすのが5章で詳しく紹介した双曲幾何

だ．2次元の空間は曲面と呼ばれる．閉曲面は種数，つまり穴の数で分類されることが知られている．5章では種数2以上の閉曲面は自然に双曲幾何を持つことを紹介した．閉曲面の双曲幾何は変形する．6章で紹介したタイヒミュラー空間は「閉曲面の双曲幾何の変形空間」である．双曲平面上の多角形の"初等幾何"で遊ぶことで，タイヒミュラー空間の次元を数えた．初等幾何で遊んだ経験は，グロモフ双曲空間の理解に役に立った．

　本章では"ほとんどの"3次元多様体が双曲幾何を持つことを紹介したい．ちなみに，であるが3次元の双曲幾何はまったく変形しない（剛性を持つという）．2次元，3次元の双曲幾何は，トポロジーから自然に定まる幾何であり，その性質はトポロジーが捉えたかった「カタチの本質」を捉えている．

　さて，本書の主役の一人はグロモフ双曲群であった．有限生成群 $G$ に対して，ケーリーグラフという $G$ が自然に作用する空間があることを7章で紹介した．ケーリーグラフは8章で解説した擬等長写像による同値類として定まる空間であった．この写像は有限の誤差を無視し，連続ですらない．擬等長写像は空間の局所的な情報を壊し"忘れる"写像である．その数学は局所的な性質を忘れ，大域的な特徴を捉える．空間を「無限の彼方から」理解する．

　9章では，グロモフ双曲空間を紹介し，グロモフ双曲性が擬等長写像で不変であることを示した．グロモフ双曲性は，双曲幾何の「3角形が細い」という性質以外のすべてを忘れてしまう発想である．グロモフ双曲空間は驚くほど豊かな性質を持つ．"ほとんどすべてを忘れている"その柔軟性が，グロモフ双曲性を"粗い"写像である擬等長写像で保たれる性質にした．擬等長写像で不変であるので，群のケーリーグラフのグロモフ双曲性を議論することができ，ケーリーグラフがグロモフ双曲空間である群として，（グロモフ）双曲群が定義できる．

　10章において，グロモフ双曲空間の特徴を解説し"ランダムに"生成された有限生成群は然るべき定式化のもと，すべて双曲群であることを紹介した．11章では，双曲群を"無限の彼方から"捉えるグロモフ境界を解説した．グロモフ境界とグロモフ双曲性を用いて導かれる双曲群の性質として，ティッツ排反などを紹介した．群を"良い幾何"を持つ空間に作用させて，群を調べる幾何学的群論を体験した．

さて，群が双曲幾何を持つ空間へ作用すると，さまざまな性質が導かれることがわかったが，それは「双曲群」の特権なのだろうか？　実はそうではない．たとえケーリーグラフが双曲幾何を持たなかったとしても，他のグロモフ双曲空間への作用が存在すれば，群の"双曲幾何"を作用を通して研究することができる．本章では2次元の曲面の写像類群についてお話ししたい．群そのものは双曲性を持たないが，とても面白いグロモフ双曲空間に作用する．そしてその作用を通して，ランダム3次元多様体論への応用も紹介する．そこでは，"忘れる"効果で確率論と3次元トポロジーの関連が見えてくる．

## 12.1 ● 写像類群

本稿では$S$を種数2以上の向き付け可能閉曲面とする（164ページ図12.2の左側のような曲面）．

**定義 12.1**　閉曲面$S$上の向きを保つ同相写像全体
$$\mathrm{Homeo}^+(S) := \{f : S \to S \mid f \text{ は向きを保つ同相写像}\}$$
を考える．$\mathrm{Homeo}^+(S)$は写像の合成を演算として群となる．2つの同相写像 $f, g \in \mathrm{Homeo}^+(S)$に対して同値関係を
$$f \sim g \Longleftrightarrow f \text{ と } g \text{ はホモトピック}$$
と定める．このとき**写像類群**(mapping class group)を$\mathrm{MCG}(S)$とかき，
$$\mathrm{MCG}(S) := \mathrm{Homeo}^+(S)/\sim$$
で定義する[1]．

写像類群は曲面$S$の対称性を表す群とも捉えられ，非常に重要な研究対象である．写像類群については，和書では[1]などがあり，洋書では[2]が標準的な教科書となっている．

---

1）2次元の場合，同相写像を"ホモトピーで少し動かす"ことで微分同相写像（無限回微分ができる写像）に写すことができることが知られており，写像類群は微分同相写像の群と考えることもできる．

写像類群の元の例として，デーンツイストは非常に重要である．まず，本質的単純閉曲線を定義する．

**定義 12.2**　道 $\gamma\colon [a, b] \to S$ が**単純閉曲線**（simple closed curve）であるとは，$\gamma$ が単射であり，$\gamma(a) = \gamma(b)$ を満たすことをいう（つまり，$\gamma$ は自己交差のないループである）．さらに $\gamma$ が定点写像とホモトピックで**ない**とき，$\gamma$ を**本質的**（essential）という．

　単純閉曲線 $\gamma, \beta$ が自由ホモトピックであるとは，各閉曲線の始点を必ずしも固定せずに $\gamma$ と $\beta$ がホモトピックになることをいう．曲面論の文脈で，$\gamma, \beta$ が交わっていないときは，自由ホモトピックは境界を $\gamma, \beta$ とする円柱があることと同値である．曲面の双曲幾何まわりの習慣で，今後「曲線」と言ったら「本質的単純閉曲線の自由ホモトピー類」を指す．

　デーンツイストの詳しい定義は本書では必要ないので絵で感覚を摑もう．図 12.1 は曲線 $\alpha$ に沿ったデーンツイストの絵である．曲面を $\alpha$ に沿って切断し，$2\pi$ ひねって貼り合わせる同相写像を $\tau_\alpha\colon S \to S$ とかき，曲線 $\alpha$ に沿った（左）**デーンツイスト**（Dehn twist）という．"左" というのは，デーンツイストの方向を指定するもので，$\alpha$ に向かって左にひねるの意味である．デーン（Dehn）は人の名前で，でーん！という効果音ではない．

**図 12.1**　デーンツイスト．

　デーンツイストによって $\alpha$ に交わっている道は図 12.1 のように，$\alpha$ に沿ってぐるっと一周まわった道に写る．直感的だが，もとの道と，$\alpha$ に沿ってぐるっと一周まわった道は，$\alpha$ まわりに "ひっかかって" しまうのでホモトピックにならない．このことから $\tau_\alpha \ne \mathrm{id} \in \mathrm{MCG}(S)$ が従う（$\mathrm{MCG}(S)$ は同値類の群だが，慣例に従い同値類を代表元と同じ記号でかいている）．写像類群 $\mathrm{MCG}(S)$ が自

明な群ではないことがわかった. さらに次が知られている.

**定理 12.3**(リコリッシュの定理.［1, 定理 9.1］,［2, Theorem 4.13］参照) 種数 $g$ の閉曲面 $S$ の写像類群 MCG($S$) は, 明示的に与えられた $3g-1$ 個の曲線に沿ったデーンツイストで生成される.

具体的な曲線を絵に描くこともできるが, 今回は必要ないので気になる方は参考文献を参照してほしい. 大事なのは, 写像類群は有限生成群であるという事実である. 有限生成群なので, ケーリーグラフを考えることができる. しかしながら次の事実が成り立つ.

**定理 12.4** 種数 $g \geqq 2$ の閉曲面 $S$ の写像類群 MCG($S$) はグロモフ双曲群ではない.

定理 12.4 の証明の理解のために,「グロモフ双曲群は $\mathbb{Z}^2$ を部分群として含まない」という事実に言及しておく. 詳細は省くが, $\mathbb{Z}^2$ は $\mathbb{R}^2$ と擬等長であることを 8 章で, $\mathbb{R}^2$ がグロモフ双曲空間でないことを 9 章で紹介しており, この 2 つの事実を合わせると結論が得られる.

さて, デーンツイストは曲線の近傍のみで非自明な作用をする同相写像である(曲線に沿って切ってねじるだけだ. 小さな近傍をとることで連続性が担保できる). したがって, 交わらず自由ホモトピックでない 2 つの曲線 $\alpha, \beta$ があれば, それぞれに沿ったデーンツイスト $\tau_\alpha$ と $\tau_\beta$ は可換になり, 他に関係式を持たないこと, つまり部分群 $\langle \tau_\alpha, \tau_\beta \rangle \cong \mathbb{Z}^2 \subset$ MCG($S$) となることがわかる. したがって定理 12.4 が得られる.

前章まで, せっかくグロモフ双曲群の研究をしてきたのに, 最後の最後でグロモフ双曲群ではない群を紹介してどうするのか? ふっふっふ. 実は MCG($S$) の構造を巧みに "忘れる" ことでグロモフ双曲空間を作ることができるのである. 上の議論で, そもそも交わらない 2 つの曲線 $\alpha, \beta$ は本当にあるのか? という点を無視していた. まとめて, 次の曲線グラフが答えを与えてくれる.

## 12.2●曲線グラフ

曲線グラフは，閉曲面 $S$ 上の曲線，つまり本質的単純閉曲線の自由ホモトピー類から作られるグラフである．

**定義 12.5**（曲線グラフ） 閉曲面 $S$ の**曲線グラフ**（curve graph）を $\mathcal{C}(S)$ とかき，次で定義する．

- $\mathcal{C}(S)$ の頂点集合 $V(\mathcal{C}(S))$ の各元は曲線である．
- 2つの頂点 $\alpha, \beta \in V(\mathcal{C}(S))$ は，$\alpha$ と $\beta$ に対応する曲線が交わらないように曲面 $S$ 上に実現できるときに辺で結ぶ．

以降，$\mathcal{C}(S)$ の頂点と曲線を同一視して $\alpha \in V(\mathcal{C}(S))$ を曲線とみなす．

曲線グラフ $\mathcal{C}(S)$ の一部を実際に見てみよう．図 12.2 の右側のグラフは，3つの曲線 $\alpha, \beta, \gamma$ のなす $\mathcal{C}(S)$ の一部である．曲線 $\gamma$ は $\alpha$ や $\beta$ と交わらないように実現されているので，それぞれと辺で結ばれている．一方で $\alpha$ と $\beta$ はどう自由ホモトピーで動かしても交わってしまうので，$\alpha$ と $\beta$ は辺では結ばない．定義自体は非常に簡単であるが，この曲線グラフは驚くほど豊かな性質を持つ．

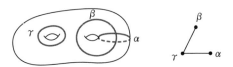

**図 12.2** 曲線グラフ．

**定理 12.6**（メーザー–ミンスキー[6]） 種数 2 以上の閉曲面 $S$ の曲線グラフ $\mathcal{C}(S)$ は，直径が無限のグロモフ双曲空間である．

さらに，写像類群 MCG$(S)$ は曲線を曲線に写し，交わらないという関係を保つので，自然にグラフ同型写像による作用

$$\mathrm{MCG}(S) \curvearrowright \mathcal{C}(S)$$

が，各 $f \in \mathrm{MCG}(S)$ に対して，頂点 $\alpha \in V(\mathcal{C}(S))$ の行き先を $f(\alpha)$ で定めることで定義できる．

　写像類群 $\mathrm{MCG}(S)$ がグロモフ双曲空間に作用した！　しかし，定理 12.4 で見たように $\mathrm{MCG}(S)$ そのものはグロモフ双曲群ではない．だから "何か" が起きている．

**命題 12.7**　曲線グラフ $\mathcal{C}(S)$ は，局所無限グラフである．つまり，各頂点から無限本の辺が出ている．

**証明**　図 12.2 における曲線 $\alpha, \beta, \gamma$ を考える．ここで，$\alpha$ に沿ったデーンツイストを $\tau_\alpha$ とする．すると，$\tau_\alpha(\gamma) = \gamma$ であり，さらに $\tau_\alpha^n(\beta)$ は $\beta$ に沿って進み，$\alpha$ に沿って $n$ 回まわる曲線になる．詳細は省くが，$\{\tau_\alpha^n(\beta)\}_{n \in \mathbb{Z}}$ はすべて互いに異なる自由ホモトピー類に対応し，したがって異なる頂点に対応する．$\{\tau_\alpha^n(\beta)\}_{n \in \mathbb{Z}}$ はすべて $\gamma$ とは交わらない．よって，$\gamma$ は $\{\tau_\alpha^n(\beta)\}_{n \in \mathbb{Z}}$ すべてと辺で結ばれる．

　いま，種数が 2 以上の閉曲面 $S$ を考えているので，任意の頂点（曲線）に対して同様の議論を行うことができる．　　　　　　　　　　　　　　　　□

　さらに，$\alpha$ に沿ったデーンツイスト $\tau_\alpha$ は $\tau_\alpha(\alpha) = \alpha$ を満たすので，作用 $\mathrm{MCG}(S) \curvearrowright \mathcal{C}(S)$ は，頂点 $\alpha$ を固定する無限群 $\{\tau_\alpha^n\} \cong \mathbb{Z}$ が存在する．この特徴も，ケーリーグラフとは異なる性質である．曲線グラフは，ケーリーグラフの "グロモフ双曲的でない" 部分を潰して（もしくは "忘れて"），グロモフ双曲空間を捻出する空間である．その代償として，局所無限になったり，各頂点を固定する無限群が生まれてしまうが，それでも $\mathrm{MCG}(S)$ が作用するグロモフ双曲空間があることでさまざまなご利益がある．さまざまな応用が知られるなか，これは筆者の趣味であるが，近年活発に研究されている「ランダム 3 次元多様体」についてお話ししたい．

## 12.3●ランダム3次元多様体

　写像類群 MCG(S) の元から，3次元多様体を作る方法がある．写像類 $\varphi \in$ MCG(S) を一つとる．このとき，曲面 S と区間 $I = [0, 1]$ の直積 $S \times I$ を考え，その境界 $S \times \{0\}$ と $S \times \{1\}$ を $\varphi$ で"ひねって"貼り合わせる．図12.3はその模式図である．すると3次元多様体が得られる．こうして得られる3次元多様体を**写像トーラス**(mapping torus)といい，$M(\varphi)$ とかく．数式で表現すると

$$M(\varphi) := S \times I / \{(x, 1) \sim (\varphi(x), 0)\}$$

となる．"分母"の $(x, 1) \sim (\varphi(x), 0)$ は，$S \times \{1\}$ 側の点 $(x, 1)$ と $S \times \{0\}$ 側の点 $(\varphi(x), 0)$ を同一視するという意味である．ここで写像類 $\varphi$ はホモトピーによる同値類であったので，$M(\varphi)$ は $\varphi$ の同相写像による表現をとることで定義される．詳細は説明しないが，$\varphi$ をホモトピーで動かすと，$M(\varphi)$ もホモトピーで動く．したがって，写像類 $\varphi$ に対して，3次元多様体のホモトピー類が定まり，それを $M(\varphi)$ とかくことにする．

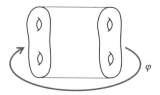

**図12.3**　写像トーラス $M(\varphi)$.

　写像トーラス $M(\varphi)$ の幾何にきれいに対応する，MCG(S) の分類が知られている．

**定義12.8**（ニールセン-サーストン分類）　写像類 $\varphi \in$ MCG(S) は，次のいずれかに分類される．

（1）（周期的）　ある $n \in \mathbb{N}$ に対して，$\varphi^n = \mathrm{id} \in$ MCG(S) となる．

（2）（可約）　互いに交わらない曲線 $\alpha_1, \cdots, \alpha_k$ と自然数 $n \in \mathbb{N}$ が存在して，各 $1 \leq i \leq k$ に対して $\varphi^n(\alpha_i) = \alpha_i$ が成り立つ．

（3）（擬アノソフ）写像類 $\varphi$ は周期的でも可約でもない.

なお，ニールセン–サーストン分類は完全な分類ではなく，写像類は周期的かつ可約になり得ることに注意しておく．定義 12.8 は，性質を持つ 2 種類と「その他」なので，数学的な主張ではなく単純な定義である．ニールセン–サーストン分類と名前がついているのは，彼らが擬アノソフの特徴づけをしたからである．詳しい特徴づけは参考文献[2, Theorem 13.2]などを参照してほしい．

本書における重要な擬アノソフの特徴は，次のサーストンの定理である．

**定理 12.9**（サーストンの双曲化定理）写像類 $\varphi \in \mathrm{MCG}(S)$ の写像トーラス $M(\varphi)$ に対して，

$$M(\varphi) \text{ が完備有限体積双曲多様体} \Longleftrightarrow \varphi \text{ が擬アノソフ}$$

が成り立つ．

定理 12.9 は，その証明の詳細を説明する本がいくつも書かれているほどの大定理である．和書だと[3]に簡単な紹介がある．

写像トーラスが双曲多様体[2)]になることと，貼り合わせに用いる写像類（モノドロミー（monodromy）という）が擬アノソフになることが同値であることがわかった．では，擬アノソフ写像は“どれくらい”あるだろうか？ この問いに対して答えるためには，問題を定式化する必要がある．ここでは，群の上のランダムウォークを用いて問題を定式化してみよう．しばらく，より一般に有限生成群 $G$ を考えよう．

**定義 12.10** 関数 $\mu\colon G \to [0, 1]$ は

$$\sum_{g \in G} \mu(g) = 1$$

を満たすとき，**確率測度**（probability measure）という．確率測度 $\mu$ の値が 0 に

---

2）以後「完備有限体積双曲多様体」の意味で双曲多様体という．

ならない元全体を supp($\mu$) とかき，$\mu$ の**台**(support)という．つまり，
$$\mathrm{supp}(\mu) := \{g \in G \mid \mu(g) > 0\}$$
である．

群の上のランダムウォークは，確率測度 $\mu$ をサイコロだと考えて，"$\mu$ をふっ
て" 得られる元を考えることで得られる．$\mu$ を一度 "ふる" と，$g_1 \in G$ が $\mu$ で与
えられた確率で得られる．繰り返し $\mu$ を "ふって"，$i$ 回目に得られる元を $g_i \in G$
とかくことにする．このとき
$$\omega_n := g_1 g_2 \cdots g_n$$
とすることで，$n$ 歩のランダムウォークが得られる．この枠組で，$G$ の上を $\mu$
を "ふり" ながら，フラフラと歩くことができる．以後，$\mu$ の台は有限集合で，
さらに $G$ を生成する，つまり
$$|\mathrm{supp}(\mu)| < \infty \qquad\qquad (1)$$
$$\langle \mathrm{supp}(\mu) \rangle = G \qquad\qquad (2)$$
を仮定する．ランダムウォークは $G$ のどの元にも届きうるという仮定である．
例としては MCG($S$) の定理 12.3 の $3g-1$ 個の各生成元とその逆元が
$\dfrac{1}{2(3g-1)}$ の確率で現れるような測度がある．

さて，$G$ が写像類群 MCG($S$) のときは，ランダムウォークをして得られた元
$\omega_n$ の写像トーラス $M(\omega_n)$ をとることで，ランダムウォークから 3 次元多様体
を作ることができる．3 次元多様体は，大げさに言えば「宇宙のモデル」である
から，ランダムウォークによって僕らは "ランダムに宇宙を生成" して，その統
計学を調べることができるのである．

群 $G$ がグロモフ双曲空間 $X$ に作用しているとき，$g \in G$ が**斜航的**(loxodrom-
ic)であるとは，任意の $x \in X$ に対して，埋め込み $n \mapsto g^n x$ で与えられる写像
$\mathbb{Z} \to X$ が擬等長写像であることをいう．擬等長写像などの定義を忘れてしま
っていても，写像類群が曲線グラフに作用しているときは，次が成り立つので
大丈夫である．

**定理 12.11**（[6]）　写像類 $\varphi \in$ MCG($S$) が MCG($S$) $\curvearrowright \mathcal{C}(S)$ に関して斜航的で
あることと，擬アノソフになることは同値である．

ランダムウォークに対して次が成り立つことが知られている.

**定理 12.12**（[4]）　群 $G$ が可分[3]グロモフ双曲空間に等長写像で作用していると する. さらに, $G$ 上の確率測度 $\mu$ が上の(1),(2)を満たしているとする. こ のとき, $\omega_n$ が斜交的になる確率は $n \to \infty$ で 1 に収束する.

　定理 12.12 は, 十分長いランダムウォークをすると, 斜航的な元が得られる ことを意味する. 標語的に「ランダムな MCG($S$) の元は斜航的」と言える.
　定理 12.11 と定理 12.12 を合わせると,「ランダムな写像類は擬アノソフ」と 言える. そして, サーストンによる定理 12.9 も加味すると,「ランダムな写像 トーラスは双曲多様体」であると言える. 他にも "ほとんどすべての" 3 次元多 様体が双曲多様体になることを裏付ける結果がいくつも知られており,「3 次元 多様体のミステリーのほとんどが, 双曲多様体に住んでいる」とサーストンは 言っていた.
　最後に, 少しぐらい自分の結果を紹介したいと思う. 定義 12.1 で, 曲面 $S$ の 写像類群 MCG($S$) を定義したが, 写像類群は任意の位相空間 $X$ に対しても同 様に定義できる. MCG($M(\varphi)$) を写像トーラス $M(\varphi)$ の写像類群とする. 繰 り返すが, 写像類群は空間の対称性を表す群である. ランダムな写像トーラス に対しては次が成り立つ.

**定理 12.13**（正井！[5]）　ランダムな写像トーラスの写像類群は, 自明群である.

　ランダムな写像トーラスを作ると, 対称性をまったく持たないことがわかる のである. 空間が対称性を持つということは, その対称性で空間を "割って" 得 られる, 小さいピースを組み合わせて空間を作れるということを意味する. ラ ンダムな写像トーラスがまったく対称性を持たないということは, それ以上小 さなピースに分割することができない, 本質的に新しい多様体がランダムに

---

3）可算な稠密部分集合が存在するという意味. おまじないだと思ってほしい.

次々と得られることを意味している．3次元多様体の世界はとても広いのである．

ランダムに得られる3次元多様体の性質を調べるのに，写像類群 MCG($S$) の曲線グラフ $\mathcal{C}(S)$ の作用を通して得られる，MCG($S$) の"双曲幾何"が大活躍している．$\mathcal{C}(S)$ をはじめとする，グロモフ双曲空間の幾何や幾何学的群論は「有限の誤差を忘れる」擬等長写像を通して理解される．一方で一つの捉え方として，確率論は「小さい確率で起こる事象を忘れ」，高い確率で起こる現象を理解する数学であると言っても怒られはしないだろう．この2つの分野が相性が良いことが，これまでの研究でわかってきており，その一端を紹介した．面白いことに，幾何学的群論における「有限の誤差」とランダム3次元多様体論における「小さい確率でおこる事象」が，しばしばきれいに対応し，それらを"忘れる"ことがとても自然な発想となるのである．

忘れると本質が残る．2つの分野で忘れるものに自然な対応があれば，残った本質にも何かしらの関係性が期待できる．ランダム3次元多様体の理論と幾何学的群論は，その対応を探す意味でも面白い研究対象で，今後も研究されていくと思う．定理 12.13 の証明は，曲線グラフの幾何と写像類群上のランダムウォークの統計学の"対応"がよく見えて，個人的にとても楽しかったので，本書の締めに言及できてとても嬉しい．

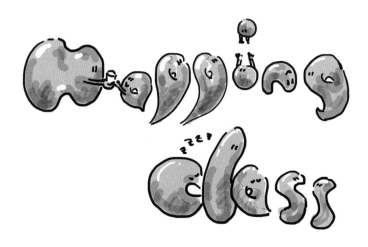

# 12.4●忘れる

　忘れる．それは本質を捉えるために，いらない情報を捨てるとても大事な能力である．人間が一日に「目で捉えるデータ」を，画像としてコンピュータに記録しようと思ったら膨大なデータ量である．僕らはそのほとんどを忘れる．

　覚えていられるのは，本当に一部だ．目だけでなく，五感で知覚するすべての情報のうち，記憶に残るもの，残せるものは本当に限られている．忘れたくないと願っても，忘れてしまう．僕自身も記憶力は相当弱く，暗記は苦手で，いつもテストで"覚える"科目は足を引っ張っていた．

　どうやら人は，「意味」を感じたものは比較的容易に覚えられる．趣味を通した個人的な経験だと，お芝居のセリフ，料理のレシピや囲碁の棋譜，そして数学．お芝居のセリフはある程度頑張って記憶する時間をとることも必要だが，人は何時間にもわたる芝居において，セリフだけでなく，動きや感情などを覚えることができる．そこに意味があるからだ．料理のレシピは意識して，調理中は「レシピを捨てて」自分で考えながら作るという態度をとるとよく覚えられる．囲碁の棋譜は「考える」が基本だからか，不思議なほどに頭に残る．「覚えよう」と一切思わなくとも，本質的な部分は忘れない．

　本格的に始めてからは，数学の定理や理論を「覚えよう」と思うことは，ほとんどなくなった．その代わり，いつも「意味」を，その本質を摑むアイデアを探している．意味を探す過程で丁寧に調べていくと，定理や理論は自然と頭に残る．学生がセミナー発表をするにあたり「何も見るな」とアドバイスされるのは，発表する数学が頭にこびりついて離れなくなるまで，検証しその意味や本質を探せ，という意味合いが強いのだろうと信じている．

　数学を発表する際には黒板やホワイトボードを用いた「板書発表」が好まれる．発表のスピードの問題もあるが，個人的には人が容易にものを忘れるのも理由の一つだと思う．発表する数学にどっぷり浸かっていないと，板書発表は不可能だ．事前にスライドを用意して，プロジェクターで発表すればもちろん安心だ．でもその安心は，成長を阻害する．「失敗するかもしれない」からこそ，丁寧な準備が必要になり，「その身一つ」であるからこそ，発表者本人が「忘れずに覚えていた本質」が伝わるのだ．

記憶力が弱く，簡単にものを忘れてしまうことは，僕の「弱点」だと思っていた．でも，どうやらそうとも言い切れないようだと，最近は数学を研究しながら感じている．暗記が苦手な僕が「それでも覚えていること」は，どうやら（少なくとも僕にとって）価値のあるもののようだ．そんな，自分自身の頭にこびりついて離れない数学から，何かしら新しい数学が生み出せたなら，それはきっと僕の個性をよく反映している．

　同じものをみても，一人一人にとって大切なもの，楽しいものが変われば「忘れない」ものも変わる．なにが記憶に残るかは人によって違い，また違うからこそ面白い．そうやって異なる"本質"を覚えている人が出逢えば，また新しい本質が生まれる，かもしれない．

　数学のみならず，数学にかこつけて，いろいろと自由に僕の思考を書かせていただいた．本書を読んでくださった読者にとって，「忘れられない」と感じられる箇所が一つでもあれば，それが「伝わる」ということかもしれない．何かしら「伝わる」ものがあったなら，とても素敵なことだと思う．そうであったら良いなと，願っている．

　最後までおつきあいいただき，どうもありがとうございました．

## 参考文献

［1］阿原一志，逆井卓也著，『パズルゲームで楽しむ写像類群入門』，日本評論社．2013 年．

［2］Benson Farb, Dan Margalit 著，『A Primer on Mapping Class Groups』Princeton Mathematical, 2011 年．

［3］小島定吉著，『3 次元の幾何学』，朝倉書店．2002 年．

［4］Joseph Maher and Giulio Tiozzo, "Random walks on weakly hyperbolic groups." *J. Reine Angew. Math.* 742(2018), 187-239, DOI 10.1515/crelle-2015-0076.

［5］Hidetoshi Masai, "Fibered commensurability and arithmeticity of random mapping tori." *Groups, Geometry, and Dynamics* 11.4(2017): 1253-1279.

［6］Howard A. Masur and Yair N. Minsky. "Geometry of the complex of curves I: Hyperbolicity." *Inventiones Mathematicae* 138.1(1999): 103.

# おまけ

# 曲線グラフ
## 忘れて得られる双曲性

写像類群から適切に情報を忘れて双曲性を抜き出したのが曲線グラフであり，それが大変有用であるという話をしたので，ぜひとも曲線グラフの双曲性の証明の紹介をしたい．曲線グラフ（もしくはそこからできる曲線複体(curve complex)）の双曲性は[2]において最初に証明された．[2]はタイヒミュラー理論などの技術をふんだんに用いており，本書の範疇をこえる．不思議なもので，一つ証明ができるとどんどん"シンプル"な証明が生まれてくるという現象は数学の至るところで観測される．曲線グラフの双曲性というのは，"驚くほど証明がシンプルになった"例の一つである．本章では曲線グラフの双曲性を[1]に従って紹介する．ひとつ，グロモフ双曲性の新しい特徴づけを認めるがそれを除けば，議論は本当にシンプルで短い．

曲線グラフの定義を復習しておこう．

**定義 A.1**　種数が 2 以上の閉曲面 $S$ に対して，
- 頂点集合を本質的単純閉曲線の自由ホモトピー類（今後，単に「曲線」という）
- 二つの頂点は，対応する曲線が $S$ 上で交わらない実現を持つとき辺で結ぶ

として定義されるグラフを**曲線グラフ**(curve graph)といい，$\mathscr{C}(S)$ とかく．

ここでの目標は曲線グラフがグロモフ双曲的であることを示すことである．論文[1]による証明をまとめたものを紹介する．グロモフ双曲性の定義は"三角形が細い"ことであったが，今回は次の少し"ゆるい"定式化を使おう．

**補題 A.2**  $X$ を辺に長さ 1 を与えることで距離 $d_X$ の入ったグラフとし，実数 $D \geqq 0$ を考える．ここで，任意の 2 点 $x, y \in V(X)$（頂点集合）に対し，ある連結な部分グラフ $\eta(x, y) \subset X$ で $x, y$ を含むものが存在し，次を満たすとする．

（1）　任意の $x, y \in V(X)$ で，$d_X(x, y) \leqq 1$ となるものに対して，
diam$(\eta(x, y)) \leqq D$ が成り立つ．

（2）　任意の 3 点 $x, y, z \in V(x)$ に対して，
$\eta(x, y) \subset N_D(\eta(x, z) \cup \eta(z, y))$ が成り立つ．

このとき，グラフ $X$ はグロモフ双曲的である．

　条件(1)は部分グラフ $\eta(x, y)$ が"測地線からそこまで大きく離れていない"という条件である．条件(2)はまさに，$\eta(x, y)$ が測地線なら，「三角形が細い」条件である．補題 A.2 は認めて先に進むこととする．もしくは，こちらをグロモフ双曲性の定義とさせていただく．詳細が気になる方は[1]に参考文献が挙げられているので参照してほしい．補題 A.2 の各条件が満たされれば，$X$ は連結になることも注意しておく．

　さて，$\mathscr{C}(S)$ がグロモフ双曲空間になることを直接示すのではなく，$\mathscr{C}(S)$ と擬等長なグラフを用意してそちらのグロモフ双曲性を示す（9 章の結果により，測地距離空間のグロモフ双曲性は擬等長不変である）．

**定義 A.3**　頂点集合は $\mathscr{C}(S)$ と同じく曲線の集合とする．二つの頂点 $v, v'$ は対応する曲線が高々 2 回交わるように $S$ 上で実現が取れるときに辺で結ぶ，というルールで作るグラフを $\mathscr{C}_{\mathrm{arg}}(S)$ と書く．

　繰り返しになるが，グラフには辺の長さが 1 になるように距離を入れる．

**命題 A.4**　$\mathscr{C}(S)$ と $\mathscr{C}_{\mathrm{arg}}(S)$ は擬等長である．

**証明**　$\mathscr{C}(S)$ 上の距離を $d_1$，$\mathscr{C}_{\mathrm{arg}}(S)$ 上の距離を $d_2$ と書こう．まず，$\mathscr{C}(S)$ の各辺は $\mathscr{C}_{\mathrm{arg}}(S)$ に含まれているので $d_2(\cdot, \cdot) \leqq d_1(\cdot, \cdot)$ は即座に従う（たくさん辺があれば"ショートカット"の可能性がある）．

逆を考えよう．$a, b$ を $\mathscr{C}_{\mathrm{arg}}(S)$ において辺で結ばれている曲線としよう．このとき，定義により $i(a, b)$（$a$ と $b$ の交差の数）は 2 以下である．ここで $a \cup b$ の十分小さな近傍を考えると，曲面 $S$ の部分曲面 $F$ が得られる．曲面 $F$ は種数が 1 以下でいくつかの境界成分を持つ．$F$ の境界の少なくとも一つの成分 $c$ は $S$ の本質的単純閉曲線になる（詳細は読者にまかせよう）．曲線 $c$ は $a, b$ と交わっていないので，$d_1(a, b) \leqq 2$ を得る．結果として $\mathscr{C}(S)$ での距離 $d_1(a, b) \leqq 2 = 2 \cdot d_2(a, b)$ がわかる．したがって，$d_1(\cdot, \cdot) \leqq 2 \cdot d_2(\cdot, \cdot)$ を得る． □

これで $\mathscr{C}_{\mathrm{arg}}(S)$ がグロモフ双曲的であることを示せばよいことがわかった．証明には次のバイコーン曲線を用いる．

**定義 A.5**（バイコーン曲線）　二つの曲線 $a, b$ を考える．これらが交点数 $i(a, b)$ が最小となる位置にあるとする．このとき，曲線 $c$ が $a$ と $b$ の間の**バイコーン曲線**であるとは，$a$ と $b$ の連結部分パス $a'$ と $b'$ が存在し，$c = a' \cup b'$ と書けることをいう（「曲線」には単純性を仮定しているので，$c$ は自己交差を持たないもののみを考えていることに注意）．バイコーン曲線 $c$ を構成する部分パス $a'$ を $a$-アーク，同様に $b'$ を $b$-アークと呼ぶ．

また，$a' = \emptyset$ や $b' = \emptyset$ の場合もバイコーン曲線と呼び，それぞれ $c = b$ と $c = a$ の場合に対応する．例えば，図 A.1 の右下は $c = b$ の場合である．

最後に，$\eta(a, b)$ を $a$ と $b$ の間のバイコーン曲線全体の集合 $B_V$ に対する誘導部分グラフ（$\mathscr{C}_{\mathrm{arg}}(S)$ にて，$B_V$ の点を結ぶすべての辺が入っている部分グラフ）として定義する．

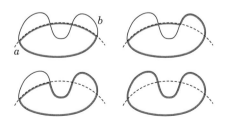

**図 A.1**　バイコーン曲線の例．破線が $a$，実線が $b$．

この $\eta(a,b)$ が補題 A.2 の各条件を満たすことを証明していこう.

**命題 A.6** 任意の曲線 $a,b$ に対して,$\eta(a,b)$ は連結である.

証明のために順序を定義しておく.

**定義 A.7** 曲線 $a,b$ で定義される $\eta(a,b)$ の頂点 $c,c'$ は
$$\text{「$c$ の $b$-アーク」}\subset\text{「$c'$ の $b$-アーク」}$$
のとき,$c < c'$ とする.

**命題 A.6 の証明** 定義 A.7 の順序について $b \in \eta(a,b)$ は最大元である.ここで $c \neq b$ となる $c \in \eta(a,b)$ に対して,$c < c'$ となる $c'$ で,$c$ と $\mathscr{C}_{\mathrm{arg}}(S)$ において辺で結べる(すなわち $c$ と高々 2 回交わる)ものが取れることを示そう.この主張が示れば,定義 A.7 の順序による最大元が $b$ であることにより,$\eta(a,b)$ の連結性が言える.

まず,$i(c,b) \leqq 2$ のときは,$c' = b$ とすれば良いので,$i(c,b) > 2$ としてよい.$c = a$ のときは $b$ の連結部分パス $b'$ で端点が $a$ に乗り,さらに内点で $a$ と交わらないものとして一つ取り,バイコーン曲線 $c'$ を構成すれば,$c < c'$ であり,$c$ と $c'$ は $\mathscr{C}_{\mathrm{arg}}(S)$ で辺で結ばれている.したがって $c \neq a$ として良い.

ここで $c = a' \cup b'$ としよう.このとき,$b'$ をさらに延長することで,$a'$ にもう一度ぶつかるようにできる.その $b$-アークを $b''$ とすると,$a'$ は $b''$ の端点で二つに分割される.二つの成分のうち $b'$ の始点を含む方を $a''$ とすると $c' = a'' \cup b''$ はバイコーン曲線となり $c < c'$ である.さらに $c$ と $c'$ は高々 2 回交わり,$\mathscr{C}_{\mathrm{arg}}(S)$ で辺で結ばれる. $\square$

**命題 A.8** 曲線 $a,b$ とその間のバイコーン曲線 $c \in \eta(a,b)$ を考える.さらに第三の曲線 $d$ をとる.このとき,バイコーン曲線 $c' \in \eta(a,d) \cup \eta(b,d)$ が存在して,$d(c,c') = 1$($d$ は $\mathscr{C}_{\mathrm{arg}}(S)$ 上の距離)とできる.

**証明** もし $i(c,d) \leqq 2$ ならば,$c' = d$ とすればよいので,$i(c,d) > 2$ と仮定し

て良い．すると鳩の巣原理により $c = a' \cup b'$ としたとき，$a'$ か $b'$ のどちらかは少なくとも 2 回曲線 $d$ と交わる．ここで $i(a', d) \geqq 2$ としても一般性を失わない．このとき，$a'$ の部分パス $a''$ で端点が $d$ 上に乗り，内点では $d$ と交わらないものが存在する．さらに，曲線 $d$ の $a''$ の端点で切り取られる部分パスを $d''$ としたとき，$d''$ と $b'$ の交わりは高々 1 回であるとして良い（もし 2 回以上交わっていたら，$b'$ に対して同様の議論をすれば良い）．このとき $c' := a'' \cup d'' \in \eta(a, d)$ である．

$a''$ や $d''$ などの配置パターンとして

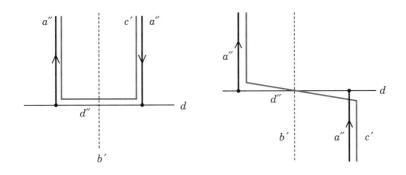

があり，$c' = a'' \cup d''$ と $c = a' \cup b'$ $(a' \subset a'')$ との交差数は最大 2 である．（$a''$ の向きに注意．$b'$ は存在しない場合もある．）　したがって，$c$ と $c'$ は $\mathcal{C}_{\mathrm{arg}}(S)$ で辺で結ばれる．　　　　　　　　　　　　　　　　　　　　　　　　□

以上をまとめると次が得られる．

**定理 A.9**　グラフ $\mathcal{C}_{\mathrm{arg}}(S)$ はグロモフ双曲的，したがって $\mathcal{C}(S)$ もグロモフ双曲的である．

**証明**　補題 A.2 の条件のうち，連結性は命題 A.6 で保証されている．条件(1)は，バイコーン曲線が $a, b$ のどちらかと高々 1 度しか交わらないため，$D = 1$ で成り立つ．条件(2)は，命題 A.8 により，同じく $D = 1$ で成り立つ．　　□

**参考文献**

［1］ Piotr Przytycki, and Alessandro Sisto, A note on acylindrical hyperbolicity of Mapping Class Groups in *Hyperbolic Geometry and Geometric Group Theory*, Vol. 73, Mathematical Society of Japan, 2017. 255–265. arXiv: 1502.02176 (2015).

［2］ Howard A. Masur and Yair N. Minsky, Geometry of the complex of curves I: Hyperbolicity, *Invent. Math.*, 138 (1), 103–149, (1999).

# 参考文献案内

　本書では，幾何学的群論と関連する諸分野の紹介も行った．ほとんどの話題はサッと紹介するにとどめてしまったので，より詳細を知りたい人のためにいくつか文献をあげておく．なお，このリストは関連書籍をすべて列挙するものではなく，著者の狭い見聞のために見過ごしている文献は多数あるはずなので，興味がある人はキーワードで各自調べてみてほしい．

　また，もしかしたら参考になるかもしれないと思い随所で著者自身が学生時代読んだ本にも言及しておく．著者は工学部出身であり，学部数学は主に本を読むことで独学したので似た境遇にある読者の参考になるかもしれない[1]．

## 幾何学的群論

　とにもかくにも，本書の主題である幾何学的群論における日本語の本として

- 深谷友宏著，『粗幾何学入門──「粗い構造」で捉える非正曲率空間の幾何学と離散群』，サイエンス社，2019 年
- 藤原耕二著，『離散群の幾何学』，朝倉書店，2021 年

をあげておく．本書の，特に後半の話題でより深いことが知りたい場合はこれらの本をぜひ眺めてみてほしい．洋書だと

- Clara Löh, "Geometric group theory". Springer, 2017

---

1 ）著者は基本的には，主要大学のシラバスを調べ，そこに挙げられていた教科書・参考書から自分に合うものを選択していた．母国語で書かれた専門書籍の多い日本だから数学者になれたと感じている．

は幾何学的群論の入門書で，本書の執筆にあたり参考にした部分も多数ある．
　また，群論に関する本で著者が学生時代一番最初に読んだ

- 桂利行著，『代数学１――群と環』，東京大学出版会，2004 年

を群論全般の入門書としてあげておく．また，

- 河野俊丈著，『結晶群』，共立出版，2015 年

は群を "対称性" として捉えるのに良い話題が取り上げられている．

## 基本群，被覆空間

　幾何学的群論の理解のために，その "お手本" として基本群や被覆空間，そして普遍被覆空間へ幾何構造を導入する話をした．基本群や被覆空間に関しては多数の書籍が出版されている．ほんの一例だが，

- 河澄響矢著，『トポロジーの基礎(上・下)』，東京大学出版会，2022 年
- 小島定吉著，『トポロジー入門』，共立出版，1998 年

などをあげておきたい．著者は『トポロジー入門』で基本群などを学んだ．合わせて集合論・位相幾何学の入門書として著者が読んだ

- 森田茂之著，『集合と位相空間』，朝倉書店，2002 年

をあげておきたい．
　基本群，被覆空間については洋書であるが

- Allen Hatcher, "Algebraic Topology", Cambridge University Press, 2002

が世界中で読まれている良著である.

## 幾何構造

普遍被覆に幾何構造をのせ, 基本群を "幾何を保つ" ように作用させると, 商として得られる空間に幾何を乗せることができる. この発想をまとめた $(G, X)$ 構造などについては

- W. P. サーストン著, S. レヴィ編, 小島定吉訳, 『3 次元幾何学とトポロジー』, 培風館, 1999 年

や, 洋書であるが

- Riccardo Benedetti and Carlo Petronio, "Lectures on hyperbolic geometry", Springer, 1992

をあげておく. 著者は "Lectures on hyperbolic geometry" を修士課程のセミナーで 1 年半ほどかけて読んだので思い出深い.

$(G, X)$ 構造はかなり広範の幾何構造を統一的に理解する枠組みであるため抽象的でもある. 3 次元の場合, $(G, X)$ 構造の理論はポアンカレ予想を含む幾何化予想の定式化に必要であった. 3 次元の幾何に関しては

- 市原一裕著, 『低次元の幾何からポアンカレ予想へ——世紀の難問が解決されるまで』, 技術評論社, 2018 年
- 小島定吉著『3 次元の幾何学』, 朝倉書店, 2002 年
- 小島定吉著『ポアンカレ予想——高次元から低次元へ』, 共立出版, 2022 年
- 茂手木公彦著, 『デーン手術——3 次元トポロジーへのとびら』, 共立出版, 2022 年

などを参照してほしい．4番目はデーン手術の本であるが，デーン手術と3次元の幾何には深い関係があり，その視点から幾何を理解できる．ここであげた文献には3次元多様体の特に双曲幾何に関する記述が多い．双曲幾何について理解を深めたい読者にもおすすめである．また，

- J. R. ウィークス著，三村護・入江晴栄訳，『曲面と3次元多様体を視る ——空間の形』，現代数学社，1996年．

は空間の幾何やトポロジーの考え方についてあまり数式を使わずに解説した入門書である．

　幾何構造の理解には，何よりもまず多様体の理解が最初のステップである．多様体に関しては著者が学生時代に読んだ本でもある

- 松本幸夫著，『多様体の基礎』，東京大学出版会，1988年

をあげたい．長年読み継がれている多様体の入門書である．

## 写像類群・タイヒミュラー空間論

　写像類群については本文でも紹介したが

- 阿原一志・逆井卓也著，『パズルゲームで楽しむ写像類群入門』，日本評論社，2013年

には，とくにその代数的側面についての基礎が解説されている．洋書であるが

- Benson Farb and Dan Margalit, "A primer on mapping class groups", Princeton University Press, 2011

は，写像類群の標準的な教科書である．写像類群のみならず関連して双曲平面

やタイヒミュラー理論についても入門できるよう書かれている．タイヒミュラー空間論の和書としては

- 今吉洋一・谷口雅彦著『新版 タイヒミュラー空間論』，日本評論社，2004年

が多くの人に読まれている良書である．また，洋書であるが

- Peter Buser, "Geometry and Spectra of Compact Riemann Surfaces", Springer, 2010

もタイヒミュラー空間や曲面の双曲幾何に関する本で，6 章で紹介した "初等双曲幾何" についても詳しい解説がある．

# 索引

**正井秀俊** まさい・ひでとし

1986 年生まれ.
数学論文検索サイト MathSciNet（マッサイネット）と名前が似ている.
2023 年現在 東京工業大学理学院助教.
専門はトポロジー，幾何学的群論など.

# 群と幾何をみる
## 無限の彼方から
数学セミナーライブラリー

2023 年 10 月 10 日　第 1 版第 1 刷発行

**著者** —————— 正井秀俊
**発行所** —————— 株式会社　日本評論社
　　　　　　　　〒170-8474　東京都豊島区南大塚 3-12-4
　　　　　　　　電話　（03）3987-8621［販売］
　　　　　　　　　　　（03）3987-8599［編集］
**印刷所** —————— 株式会社　精興社
**製本所** —————— 株式会社　松岳社
**装幀** —————— 山田信也（ヤマダデザイン室）